明月经天

李默／主编

广东旅游出版社
GUANGDONG TRAVEL & TOURISM PRESS
悦读书·悦旅行·悦享人生

中国·广州

图书在版编目（CIP）数据

明月经天 / 李默主编 . — 广州：广东旅游出版社，
2013.10（2024.8 重印）
ISBN 978-7-80766-672-1

Ⅰ . ①明… Ⅱ . ①李… Ⅲ . ①天文年历—中国—通俗
读物 Ⅳ . ① P197.1-49

中国版本图书馆 CIP 数据核字 (2013) 第 221363 号

出 版 人：刘志松
总 策 划：李　默
责任编辑：张晶晶　梁斯棋
装帧设计：盛世书香工作室　腾飞文化
责任校对：李瑞苑
责任技编：冼志良

明月经天
MING YUE JING TIAN

广东旅游出版社出版发行

（广东省广州市荔湾区沙面北街 71 号首、二层）
邮编：510130
电话：020-87347732（总编室） 020-87348887（销售热线）
投稿邮箱：2026542779@qq.com
印刷：三河市嵩川印刷有限公司
　　　（河北省廊坊市三河市杨庄镇肖庄子村）
开本：650×920mm　 16 开
字数：105 千字
印张：10
版次：2013 年 10 月第 1 版
印次：2024 年 8 月第 3 次印刷
定价：45.80 元

出版者识

　　《图说历史丰碑》是一部全景式图文并茂记录中国文明历史的大书。出版者穷数年之力，会集各方力量——专家、学者、编辑、学术顾问们，在浩如烟海的历史档案、资料、著作中，探珍问宝，追寻中华文明在悠悠历史长河中的灿烂之光。此书的出版，凝聚了编撰者的心血，学术顾问们的智慧。尤其是李学勤先生，亲自动笔写下了序言，更增加了本书沉甸甸的分量。

　　中华文明的历史充满了辉煌与苦难，成就和挫折。它的历史无处不在，决定着我们中国人今天的思想和感情。当今的中国和中国人是中华文明的历史造就的，是中华文明的历史的延伸，也是它的一个组成部分，中华文明的历史之河奔流到现在。

　　中华文明是人类历史上最伟大的文明之一，是人类文明发展的主要构成。中华文明丰富、深刻、辉煌、博大，在人类文明中的骨干作用和领导作用人所共知。在人类文明的发源时期，中国就是四大古国之一，是地球上文化的策源地之一。在人类文明的早期，中华文明成为文明在东方的支柱，公元前后200年间，人类的汉帝国与罗马帝国这两只铁手攫住了地球。在欧洲进入中世纪的时候，中华文明更成为人类文明最主要的领导，它的文明统治东亚，传遍世界。进入近代，中华文明处于自身的重压和西方的欺凌下，但中国人民的斗争史和奋起精神是人类文明历史中不可缺少的一页。

　　五千年的中华文明为人类贡献出了从思想家孔子到科学技术的四大发明、从唐诗宋词到长城运河的伟大创造，贡献出了从诸子百家到宋明理学，从商周铜器到明清文学的深刻内涵，也贡献出了从五霸七强到三国纷争、从文景之治到十大武功的辉煌历史。中华文明的历史绚烂多彩，在人类文明的历史长河中永放光芒。

　　中华文明也是人类历史上最独特的文明，没有哪一个文明像中华文明这样持久，这样统一一致。世界上其他文明不但互相交错，其创造者也都与高加索体质的人种有关，它们是姐妹文明。在人类历史中，只有中华文明才是独特的，它的创造者是中国土地上的中国人民，与其他任何地方的人民都没有关系，它的文化是统一一致的文化，可以不依赖于其他任何文明而生存，但中华文明也绝不是封闭的，它接受他人的文化，也承担自己对于人类的责任。

　　人类进入新世纪，中国的社会经济发展令世人瞩目。人们对于世界未来的政治和经济结构的估计无不以东亚和太平洋为中心，而尤以中国为重点。

经济起飞只是当代中国的一个方面，中国的精神文明的建设尤为刻不容缓。如果中国要自觉地发展中华文明，要有意识地使中国的发展具有世界意义，就必须发展强有力的精神文化，这样才能使中华文明的发展进入一个新的阶段，才能形成中国和中华文明的全面现代化。

而中国的精神文化的发展植根于中华文明的伟大传统之中。进入近代之后，在西方文化的冲击下，对于中国文化的价值产生大量的情绪化和激烈冲突的论调。"五四"运动打倒孔家店的口号具有冲破封建束缚的时代意义，对中国文化的发展有不容否认的正面意义，与文化虚无主义是完全不同的。文化虚无主义者否定中国传统文化，在现代化的旗帜下主张全盘西化；而复古主义则沉迷于中国文化的古董，走进反进步、反科学的泥潭。

历史的发展则超越了所有这些论点，产生这些论调的一百多年来的中国近代史已经结束。历史要求中国发展，要求中国走在全世界发展的前列。西化论和复古论都已过时，历史已经要求世界超越西方，中国可以承担起世界的命运，而中国的现实和世界的历史都说明，中国的使命在于它的发展前进，而非倒退。

中华文明走出迷惘的时代，我们这一代处在一个伟大而具有挑战的历史阶段。

总结历史、展望未来，这就是《图说历史丰碑》的意义和使命。我们创作《图说历史丰碑》，力求总结和回顾中华文明的全貌，在内容和形式上都开创一个新的局面。在内容结构上，既具有一定的深度，又具有相当的广博性，既有严谨、准确的学术价值，又有活泼、流畅的可读性。我们在本丛书内容纳了中华文明的各个方面，使它综合了大规模学术著作的系统性、严密性和普及读物的全面性、简易性，它既可作为大型工具书检索中华文明的各个成分，又可作为通俗的读物进行浏览。

我们从上世纪 90 年代初起就开始思考中华文明的历史和现实问题，并逐渐形成了编著《图说历史丰碑》的设想。在开展这项庞大的文化工程之始，我们就聘请了国内权威学者李学勤、罗哲文、俞伟超、曾宪通、彭卿云诸先生担任学术顾问，他们对计划作了充分讨论，并审阅了大量初稿。我们聘请了广州、香港地区的社会科学学者、大学教师、研究生以及我社编辑人员几十人担任稿件的撰写工作。

通过创作这部书，我们深深地感受到了中华文明的博大精深，也感受到了它的内在缺陷。中华文明具有辉煌的时期，也有苦难的年代，有它灿烂的成就，也有其不足的方面。中华文明在自身中能够吸取充分的经验和教训，就能够使自身健康壮大，成长发展。

通过创作这部书，我们也深深感受到了出版事业的使命和重任。我们希望这部书能受到广大读者的喜爱，起到它所应当起的作用。为中华文明的反省、前进和奋起作一点贡献。

目 录

大河村人观测天象

　　华夏文明在史前时期已经有了较为丰富的天文学知识，包括天文、历法、方向测定等。原始人在长期的农牧渔业生产中观察物候、天象，形成了最初的天文、历法概念。初始的季节概念起源于对物候的观察，原始人

　　大河村遗址图。1972年河南郑州大河村发掘出距今约5000多年的仰韶时期文化遗址。大河村出土的有关天象的纹饰和图案，构成一幅令人赞叹的完整的天象图景，有人将大河村称为"华夏观象第一村"。

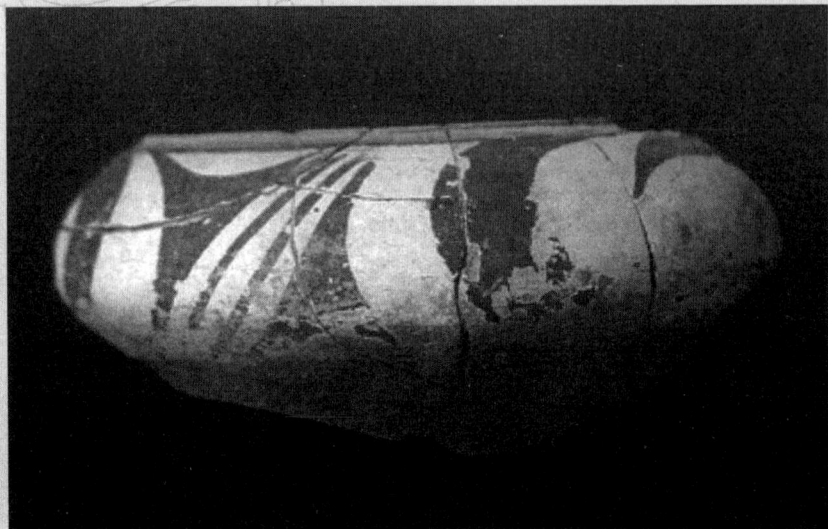

大河村月亮图。在大河村出土的彩陶残片中，还发现了多姿多彩的月亮纹饰。在一件完整的陶钵表面，有三组两个弯弯的月牙对称的图案。天文学家认为，图案中展示的是新月与残月的形象。这说明，大河村人已发现月亮运行周期中的不同月相，并对此作了艺术性的记录。

在生产活动中观察某些动物、植物的生活现象，慢慢总结出这些动物、植物的生活习性或生长规律，从动物、植物生长活动的周期性中产生了年岁、季节和物候月的概念。后来人们发现星象的位移比物候更能准确反映季节变化，在观察星宿位置变化的过程中发明了原始的天象物候历。原始社会晚期的人们已经掌握了观测恒星以定节气的方法。天干计日法是原始人观测太阳产生的天文学成果，原始的朔望月的观测也促成阴阳合历的诞生。史前人还依

太阳晕珥图像。在大河村出土的彩陶残片中，有的图案在太阳外围，绘有对称的内向弧形带，古人所要表现的大概也就是现代天文学家所说的太阳晕珥现象。这是华夏先民对天象长期细致观察的真实记录。

靠对太阳的观测确定方法，形成四方的概念，以北极星定方向的方法也随之出现。此外我国在史前时期已发现太阳黑子现象。

这些史前时期的天文学知识可以在出土器物中得到印证。

1972 年至 1975 年在仰韶文化郑州大河村遗址出土了一些绘有太阳纹、月牙纹、月亮纹的陶片，提供了考察约公元前 3790 至前 3070 年间史前人天象观测方面的资料。根据陶片上太阳纹的大小形状制出的复原图，表明古大河村人已懂得把太阳在星空背景上绕一周的路径均匀分成 12 等分，推测他们也有将一年分成 12 个太阳月的知识，一年 360 天，一个太阳月 30 天。彩陶残片上有两个相对的月牙纹饰，分别表现新月和残月的月相。可见，当时阴阳历都有使用。

大河村太阳图。考古学家从大河村出土的彩陶钵盘残片中，发现了多种彩绘的太阳形象，其中有两种器物上绘制的太阳图案都是十二个，它暗示了一年中的十二个月。可见，5000年前大河村人已有了一定的天象知识和历法观念。

关于太阳的观测，中国古代还有许多"金鸟"的神话和画有飞鸟驮红日的彩陶出土，证明我国发现太阳黑子现象绝不会晚于新石器时代晚期。大河村遗址中几件彩陶碗残片上，绘有带光芒的太阳，可能是古大河村人观测到日晕后在彩陶上的艺术表现。

大河村遗址出土了一些绘有太阳纹、月牙纹、月亮纹的陶片，提供了考察约前3790年～前3070年间史前人天文观测方面的资料。

大河村星象图。天文学家推断，这是北斗星尾部的形象。这是到目前为止，我国发现的最早的星象图案。

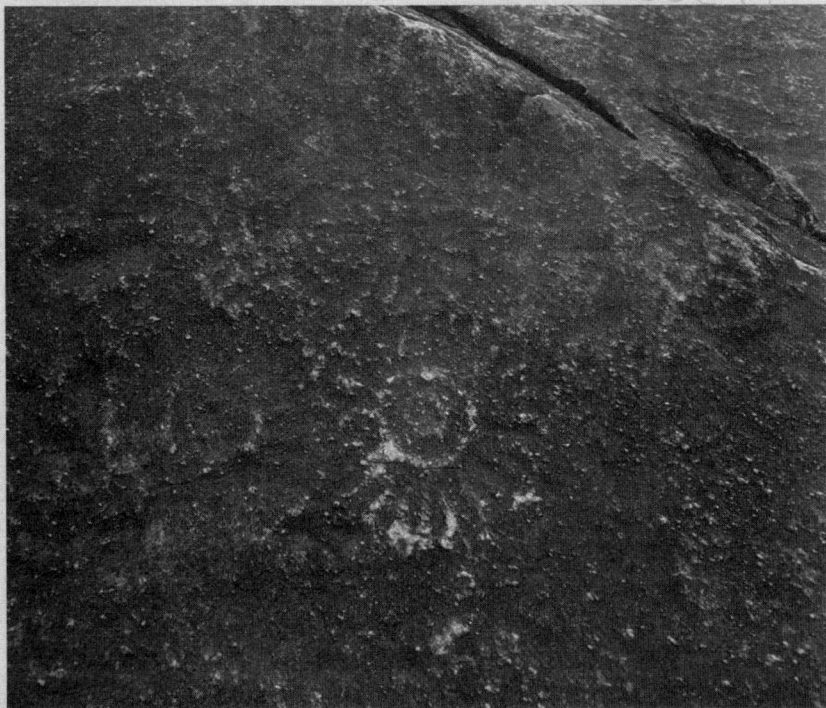

石刻太阳图岩画，发现于江苏连云港将军岩。这
是新石器时代的遗迹，对太阳形象给予准确的表
现，表明 4000 年前，华夏古人对照耀万物的太
阳有着深刻的观察。

祖甲始创周祭之法

商代鼎盛时期，高宗武丁偏爱幼子祖甲，打算废太子祖庚而改立祖甲为太子。祖甲认为这是违礼之举，不可强行废立，否则就可能重演"九世之乱"的局面，因此他效法文王武丁当年之举，离开王都，到平民中生活。武丁死后，由太子祖庚继承王位。祖庚即位十年左右病死，祖甲这才回到王都继承王位。

为了报效先祖功德，商人盛行祭祀，但所祭对象和顺序都很零乱，没有一定的规矩。祖甲即位后，创造了"周祭"之法，具体方法是：从每年第一旬甲日开始，按照

小屯祭祀场。商代古文化遗址。从这些祭祀坑中的遗骨数量，可见商代盛行的人殉和牲殉之残酷。

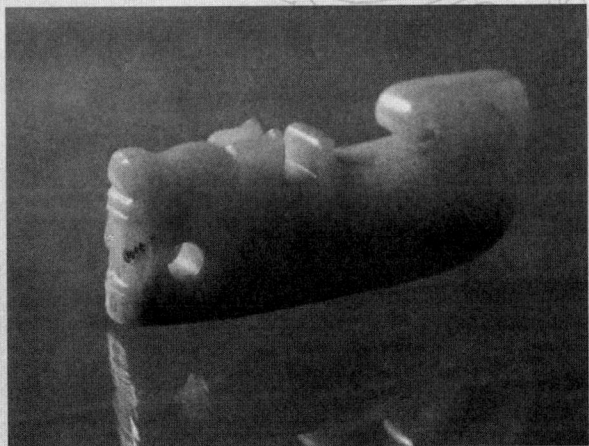

商代后期龙形玉佩。通体作龙形，张口露齿，尾卷。这类圆雕玉佩，在商代玉器中极为少见。

商王及其法定配偶世次、庙号的天干顺序，用羽、彡、劦三种主要祭法遍祀一周。周祭以旬为单位，每旬十日，都依王、妣庙号的天干为序，致祭之日的天干必须与庙号一致。如：第一旬甲日祭上甲、乙日祭报乙、丙日祭报丙，直至癸日祭示癸；第二旬乙日祭大乙、丁日祭大丁；第三旬甲日祭大甲、丙日祭外丙。如此逐旬祭祀，一直祭到祖甲之兄祖庚。用一种祭祀法遍祭上甲到祖庚的先公先王，需要九旬。祭毕，再分别用另两种祭法遍祀，直到全部祭遍为止。周祭之法，使殷人的祭祀系统更为严密规范，因此盛行于商代后半期，并逐渐达到最高峰。

祖甲创立的周祭之法是祖先崇拜和宗族制度的最好体现。在上古文明中，各大民族都有自己的祭祀体系，周祭之法和古巴比伦、古埃及的祭祀法各不相同，是中国古代特有的祭祀系统。

周易本经形成

　　《周易》是一部有关古人卜筮的书籍，也称《易》，汉代人通称为《易经》，是中国儒家典籍，六经之一。"易"字，一说为"简易"之义；另一说为"变易"之义；而"周"

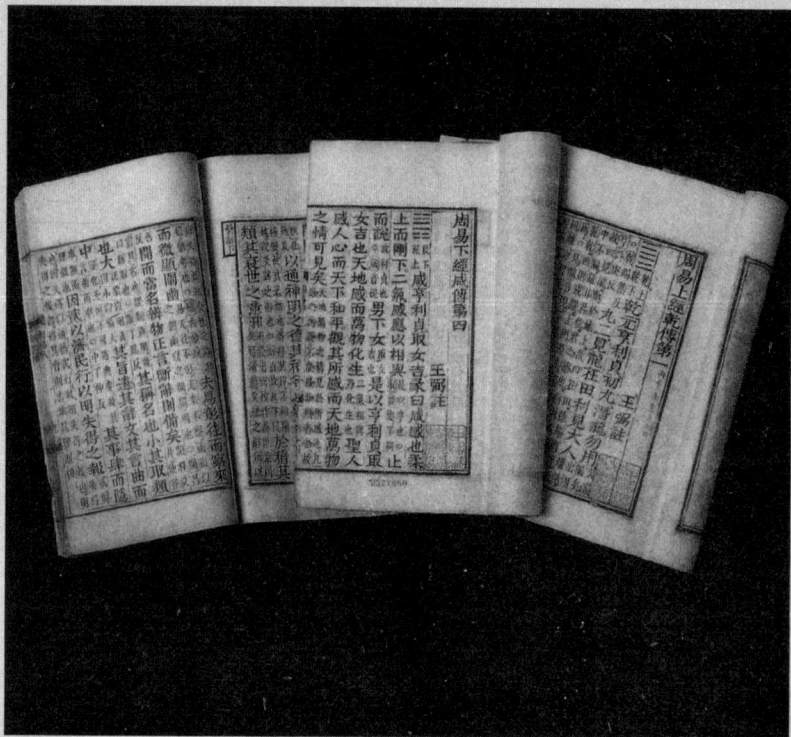

周易书影

字，有人说是指周代人的筮法，但又有人说是指周遍之易，即探求普遍的变易法则。汉代人所说的《周易》，包括经传两部分，传是对经的解释。

关于《周易》的成书，过去传说伏羲画八卦，周文王将八卦推衍为六十四卦。现在大体认为《周易》是先民们和古代卜筮之官长期积累的卜筮记录，它成书约在周代初期。

《易经》的具体内容，是由八卦推衍为六十四卦的兆象符号（即卦图）部分和六十四卦卦名、卦辞，以及三百八十四爻和爻辞语言部分所组成。卦图的结构，是由称作阳爻的"——"和称作阴爻的"－－"这两个基本符号组成，三行一组排列而成八个"经卦"，即乾、坤、震、巽、坎、离、艮、兑。又由八个经卦两相重叠组合成六十四个"重卦"，如乾卦、坤卦、屯卦等等。这些卦象是占卜判断吉凶的主要依据，它们各有卦辞、爻辞加以说明。卦辞和爻辞的内容大致有三类：一是讲自然现象的变化，二是讲人事的得失，三是判断吉凶的辞句。

《易经》虽属卜筮之书，笼罩着神学迷信，但在其神秘的形式中蕴含着一些合理而深刻的思维和观念。八卦的制作，原是自然界物质现象的概括和象征。现在认为易卦中的阳爻"——"和阴爻"－－"两种基本符号的最初含义是来源一、六、七、八等几个数字。中国历史上最早反映阴阳的观念，就是通过《易经》的卦爻表现出来的。八卦是象征着由阴阳构成宇宙物质世界的八种基本成分，而万物都是由它们所衍生出来的，由此可知《易经》中蕴涵了朴素唯物论和无神论世界观的萌芽。《易经》的六十四卦由三十二个对立卦组成，这反映了古人们从对自然与社会矛盾运动的长期观察中，萌生了对立统一的思想，体现了中国古代辩证法思想的萌芽，因而在中国哲学史上占有重要地位。

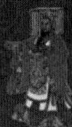

周人划分月相

西周铭文除初期尚有少量沿用商代记干支于铭首、记月祀于铭末之外，大量的则是按年、月、日的顺序纪于铭首，而且多有"初吉"、"既生霸"、"既望"、"既死霸"这类一月四分记时法。

西周蚌雕人头像

分一月为四分月相，是西周时代特有记时法，每一月相分配七、八日为一周，视大小月再定。即从月牙初露到月亮半圆叫"初吉"，从月亮半圆到满圆叫"既生霸（魄）"，从月亮满圆到半圆叫"既望"，从月亮半圆到无光叫"既死霸"。王国维还把这四段的第一天分别叫做"朏"（相当于初三），"哉生魄"（霸，相当于初八），"望"（相当于十六），"哉死魄"（霸，相当于二十三），称为月相四分法，比商代的历法更为精细。

有人认为初吉是与既生霸等月相称呼不同的另外一种日称，也不是"初干吉日"。"初吉干支日"是周人择出的"吉宜干支日"，初者是"大吉"的意思。但大多倾向月相四分法。

《保卣》铭末记："才（在）二月既朢（望）。"《庚嬴鼎》铭首记："隹廿（二十）又二年四月既望己酉……"，《宑鼎》铭首记："隹九月既生霸辛酉……"，《令簋》铭首记："隹王于伐楚白（伯），才炎，隹九月既死霸丁丑……"，《召卣》铭首记："隹十又二月初吉丁卯……"，是周人划分月相的例证。

还有一种月相定点说：以为古人把月球受光时叫生魄（霸），背光时叫死魄（霸），定每月初一为"朔"，"朔"的前一日叫"晦"。因此以日月交会为吉日，把朔又叫"初吉"或"既死魄"，朔后的一天则"旁死魄"，再后一

天月亮始生，叫"哉生魄"，又叫"月出"，即初三日。
十五月圆叫"望"，又叫"既生魄"。

周人划分月相的实况仍未考定，存在异说，有待进
一步的研究，但仅从这么多月相的名称就知周人在历法
上较之商代的初分一年十二月或十三月已是一大进步。
从后一种月相定点说可知，最迟在西周晚期，人们根据
长期经验的积累，已能较准确的测知晦（月末）逆（月
初），于是月相分说又被更为精细的干日三分法所取代，
即"朔"、"望"、"晦"。

天文历法学迅速发展

日蚀甲骨文，早于巴比伦的可靠日蚀记录。

夏代时，历法已有很大的进步。相传中国最早的历法便是出于夏代的《夏小正》，是通过观察授时的方法进行编制的自然历。

到了商代，大规模的祭祀和占卜，要求准确的祭祀时间和祭祀周期，加之农业生产的进步，社会生活的更高需求，使得商代历法在夏代的基础上进一步发展。

商代的历法是迄今已知较为完整的最早的历法。商代历法为阴阳历，阳历以地球绕太阳一周，即365(1/4)日为一回归年，故又称"四分历"。阴历以月亮绕地球一周，即二十九或三十日为一朔望月。商代用干支记日，数字记月；月有大小之分，大月三十日，小月二十九日。十二个朔望月为一个民用历年，它与回归年有差数，所以阴阳历在若干年内置闰，闰月置于年终，称为十三月。季节与月份有大体固定的关系。

商代每月分为三旬，每旬为十日，卜辞中常有卜旬的记载，又有"春""秋"之称。一天之内，分为若干段时刻，天明时为明，以后有大采、大食；中午为中日，以后有昃、小食、小采。旦为日初出之时，朝与大采相当，暮为日将落之时。对于年岁除称"岁"、"祀"之外，也称作"年"。

商代天文学中许多天象在卜辞中均有记载，如"日月有食"、"月有食"，在日食时并有"大星"等现象出现，可见对日、月食的观察之精细。卜辞还记载了观察到的"大星"、"鸟星"、"大火"等，不仅有恒星，还有行星，后世的二十八宿中的一些星座名亦见于卜辞，卜辞中"有新大星并火"，即是说接近火星有一颗新的大星。当时已有立表测影以定季节、方向、时刻的方法，卜辞的"至日"、"立中"等，就是这方面的记载。

商代观测天象与观察气象是相联系的。由于农业、畜牧业以及田猎等活动的需要，对气候的变化特别予以重视。卜辞中记有许多自然现象，"启"、"易日"为天晴，"暈"为阴天及浓云密布，"晕"为出现日晕。记录自然界变化的有风、云、雨、雪、雷、虹、霖、雹，风有大风、小风、骤风。卜辞中还有祭东南西北四方风神的名称，如劦（和风）、兕（微风）、彝（厉风）。记录雨量的有大雨、小雨、多雨、雨少、雨疾、从雨、丝雨、延雨、绰雨。商人不止对一日之内，并且对一旬、数旬及至数月的气象变化进行了连续的记录。

商代天文历法的进步为后世提供了宝贵的经验。

中国首次记载哈雷彗星

中国古代对彗星的观测历史悠久，并做有详细记录。对于大彗星的出现，更引起注意。据《春秋》载，鲁文公十四年（前613年）"秋七月，有星孛（彗星）入于北斗"。这是世界上最早的关于哈雷彗星的记载，比西方早670多年。此后，从秦王政七年到清宣统二年（前240—1910年）的两千多年间，哈雷彗星29次回归，中国都作了记录（有说共记录31次）。这些不间断的记录对现代研究哈雷彗星的轨迹变化提供了宝贵资料。

秦公镈，春秋前期乐器。共三枚，为一编。

蟠螭龟鱼纹方盘，
春秋后期盥洗器。
此盘铸造精良，形
体较大，造型设计
和装饰均具有较高
水平。

蟠螭龟纹方盘局部

铜金银铜鼎，战国
烹饪器。圆腹，三
足，双耳，腹上带
嘴。整个器形在圆
中变化，浑然一体。
鼎身各部嵌金银图
案，华贵富丽。

二十八宿体系形成

　　湖北随县发掘的战国初曾侯乙墓中，出土了一个漆箱，其盖上绘有青龙白虎，中间书写一个斗字，围绕斗字的二十八个字正是二十八宿的名称，表明将四象与二十八宿配合在当时已是常识，所以才会将这种图案描绘于日常用具上作为装饰。

战国曾侯乙墓出土二十八宿漆木箱

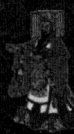

二十八宿是将黄赤道带星空划分成二十八部分，用二十八个名称命名的星空划分体系。早期载有二十八宿的可靠文献是《吕氏春秋》、《礼记·月令》、《周礼》等书，它们的时代最早的大约在战国中期（公元前四世纪）。而从这些记载中的天象推算，则可提前到春秋中叶（公元前七世纪）。湖北省随县出土的二十八宿漆箱盖的发现，则把文献证据提前到公元前五世纪。此时，二十八宿名称已经完备。它们与四象配伍如下：东宫苍龙：角、亢、氐、房、心、尾、箕七宿；北宫玄武：斗、牛、女、虚、危、室、壁七宿；西宫白虎：奎、娄、胃、昴、毕、觜、参七宿；南宫朱雀：井、鬼、柳、星、张、翼、轸七宿。各宿分布，疏密不均，井宿横跨30多度，而觜宿、鬼宿仅跨几度。中国二十八宿是不等间距划分，这同先秦时期形成的"分野"说有一定关系。"分野"是将地上的州域与星空相对应，用某区天象占卜地上某州域之事的星占用语，是先秦天人观的一种表现。州域有大小，诸侯有强弱，故相应星空的间距也不相等。二十八宿体系的建立，使人们能较准确地测量日月五星相对于恒星的运动，能较准确地观测异常天象发生的位置，还能准确确定冬至点之所在，它对于中国古代天文学的发展，有着特殊重要的意义。

《甘石星经》书成

　　甘德，齐人（一说楚人）。相传他测定恒星118座，计五百多颗星，著有《天文星占》八卷，今佚。石申，魏人。相传他测定恒星138座，计810颗星，著有《天文》八卷，今佚。但在唐《开元占经》中有大量节录。二人精密纪录黄道附近120颗恒星位置及其与北极距离，这是世界上最古老的恒星表，它比欧洲第一个恒星表——希腊伊巴谷的星表早约二百年。甘德发现的木星三号卫星，比意大利伽利略和德国表依耳的同一发现早近两千年。书中二十八宿用"距离"（即赤经差）和"去极度"（赤纬的余弧）刻划，其余星用"入宿度"和"去极度"刻划，这与现代用赤经和赤纬来刻划天体位置使用的是同一个原理，这也就是赤道座标系，而同时代希腊使用的一直是落后的巴比伦黄道座标系。

　　这一类星表把周天分为365又1/4度，与巴比伦传统的360度不同，是中国的特色，正与四分历相合。

　　《甘石星经》对行星行度也有精密的测量计算，其后星术体系更是全面，影响了中国天文学、占星术和政治几千年。

战国时代楚国的卜筮祭祷活动

进入春秋以来，卜筮祭祷活动在中国社会中的重要性明显降低，随着科学、文化的大规模发展和政治、经济、军事活动的全面活跃，卜筮祭祷等巫术活动在政治和社会活动中的影响越来越少，至战国秦汉已微乎其微。

但这些活动依然存在，《左传》和《国语》就记载了很多，但一般则极少记录卜法和筮法的具体情况。战国时代楚墓出土竹简展示了楚人卜筮祭祷活动的情况。

战国集脰鬲。在鬲类礼器中，此器的形制最为巨大。是研究战国时代楚文化的重要实物资料。

楚人使用龟甲、蓍草以及其他一些东西进行卜筮，由一些职业性的贞人进行，称之为"贞"，可以卜筮并行。在卜筮时将日期、贞人、用具、问人、事由、判断、祷辞及事后占验记入竹简，在贞问时，还有移祝、说、鬼攻等活动，用以祭祷神灵，祈求降福。

在卜筮之外，还有专门的祭祷活动，有三种祷的方式，祭祀土神、路神、社、鬼、祖先等。

在战国时代，楚文化独树一帜，在很多方面与秦及中原不同，楚文化中又尤以鬼神巫术色彩为重，其文学、艺术都打上了它的烙印。楚国竹简显示了楚人卜筮祭祷活动的具体情况。

岁星占和太岁占形成体系

睡虎地出土秦简日书中保留有最早的岁星占和太岁占体系。在《岁篇》、《嫁子忌》篇等篇中刻画了一个四个月在四方向上转一轮，一年转三轮的岁星，这种岁星已不是五大行星之一的木星，而是一个虚星，由于它所在的位置不同，东南西北四个方向就已决定了吉凶荣辱。

同时，在秦简日书的《玄戈篇》中已出现了太岁占，其中岁星是个吉星，十二个月（代表十二个年）绕天行一周，其运行轨道与实际木星的运行相同，而太岁则是凶星，它在相同的轨道上反向运行，与木星十二年会合一次。

中国古代很早就认识到木星约十二年运行一周天，岁星纪年法就是根据木星所在来纪年，木星也就被称

战国鼎形灯。此器造型敦厚，具有浓厚的秦器风格。

为岁星。这种纪年法的起源尚不清楚，但在春秋、战国之交很盛行。在岁星纪年法中，天上用十二辰（子丑寅卯……）来划分，其顺序与岁星运行方向相反，因此，人们又设想了一个按十二辰顺序运行的天体，称之为"太岁"。

岁星和太岁在中国术数和迷信中占有相当重要的位置，"太岁头上动土"是个妇孺皆知的凶兆，这一迷信的完全形成在春秋、战国之际，睡虎地秦简日书保存了其最早的体系，它后来成为中国文化中一个根深蒂固的层面，成为中国人思维的一个重要组成部分。

秦始皇泰山封禅

秦始皇二十八年（前219），秦始皇在泰山封禅，刻石纪功。

封禅是古代统治者祭告天地的一种仪式。所谓"封"，

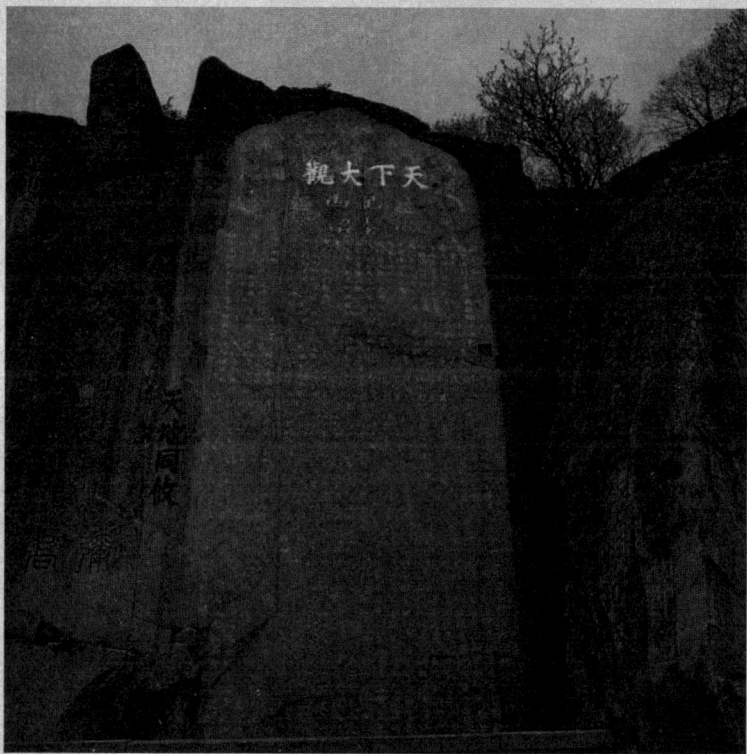

《纪泰山铭》

是指筑土建坛祭天。古人认为五岳中东岳泰山最高，而且东方是万物始发和阴阳交替之地，人间的帝王应到那里去祭告上帝，表示受命于天。所谓"禅"，是指祭地，即在泰山下小山的平地上祭地。"封"与"禅"是同时进行的，但"封"比"禅"要隆重得多。

相传，上古时代就有封禅的说法。夏、商、周三朝到泰山来举行封禅大典的有72位君主，但秦始皇之后才有文字记载。它的仪式复杂神秘，各朝代不尽相同。实际上，封禅是一种具有政治目的而又带有宗教性的祭祀活动。

前219年，秦始皇率领文武大臣及儒生博士70人，到泰山去举行封禅大典。由于长期不举行这种活动，大臣们都不知道仪式该怎样进行。于是秦始皇把儒生召来询问。儒生们众说纷纭，有的说古代天子封禅时要坐用蒲草裹车轮的"薄车"，这样可以不损伤山上的土木草石，有的说祭地时要扫地，还得铺上席子。

秦始皇听了觉得难以实施，便斥退儒生，按照自己的想法开辟车道，到泰山顶上立了碑，举行封礼。接着下来，到附近的梁父山行了禅礼。

世界最早行星运动记录

两汉时期，对天象的观察，已取得了巨大的成绩，其观察的细致和精确程度，也足以令今人惊叹，其中最为代表性的便是 1973 年在湖南长沙马王堆三号汉墓出土的帛书《五星占》。

《五星占》，字体为隶书，全文共有 144 行，约 8000 字，另有 29 幅彗星图。其中，占文部分保存了甘氏和石氏天文书的一部分，尤以甘氏的为多，全书详细叙述了从秦王政元年（前 246）到汉文帝三年（前 177）这 70 年间金、木、水、火、土五大行星的运行情况及准确位置，并推出它们的会合周期和公转周期，另外，彗星图的画法还显示了当时已观测到彗头、彗核和彗尾，并且彗头和彗尾还有不同的类型。

汉代帛画《彗星图》。帛上共有二十九幅彩绘彗星图，除两图有残缺外，其他各图均完整无缺。图中绘有三种不同的彗头，四种不同的彗尾，说明当时的观察已很精确，分类也很科学。它反映了我国当时天文学的突出成就。

　　据《五星占》所载，金星的会合周期为 584.4 日，比现在测值 583.92 日仅大 0.48 日；土星的会合周期为 377 日，比现在测值的 378.09 日只小 1.09 日；土星的公转周期为 30 年，比现在测值的 29.46 年只大 0.54 年；木星的会合周期为 395.44 日，比现在测值的 398.88 日只差 3.44 日；木星的公转周期为 12 年，比现在测值的 11.86 年只大 0.14 年等等，都说明当时的测量手段与技巧已达到了很高的水平，可见当时的天文学的繁荣程度。

　　《五星占》成书于前 170 年，比古希腊天文学权威喜帕恰斯的有关记录至少早一个世纪，是世界上最早记录有关行星运动的史料。

牵牛织女塑像

　　牛郎织女是人民心目中热爱劳动、忠于爱情、向往幸福、敢于向恶势力及封建等级观念作斗争的典型形象。

　　我国现存的最早的一组大型石刻就是以此为题材的。原存于陕西省长安县常家庄村北的牵牛像和长安县斗门镇梅绒加工厂内的织女像，两者东西间距仅有3公里。据《汉书》记载，它们是元狩三年（前120）在上林苑汉昆明池边建立的。采用花岗石雕成，造型简洁，风格古朴。

牵牛石像。汉武帝元狩三年（前120），在上林苑穿昆明池。为了象征池水浩瀚无涯，犹如天河，特地按"左牵牛而右织女"（班固《西都赋》）的格局，在池之东西两岸，分别建造两件大型石像。这是立在昆明池东岸的牵牛像。此石像保存良好，五官清晰，挺立的短发与衣裙的痕尚历历在目；身着交襟长衣，腰间束带，头及上身微向左侧，整体呈踞坐状。其右臂曲举，宛若持鞭；左臂贴腹，象征牵牛。作者通过宽阔的前额、眉弓、炯炯的双目、紧抿的嘴唇等细部形象的刻划，表现了牛郎坚毅憨厚的性格。

把握农时脉搏的"二十四节气"定型

　　我国古代历法，一直使用阴历月。由于季节寒暑的交替主要取决于太阳位置的变化，而这种变化在阴历中又得不到确切的反映，所以用阴历月指导农业生产很不方便。为了弥补这个缺陷，把握农时脉搏，我们的祖先很早就在历法中引进了节气的概念。

　　节气标志着太阳在一周年运动中的某一个固定位置，各种物候现象以节气为准，它们的发生、活动时间也就得相对固定。早在西周、春秋时期，人们就学会了用圭表测日影的办法确定春分、秋分、夏至、冬至四个节气，

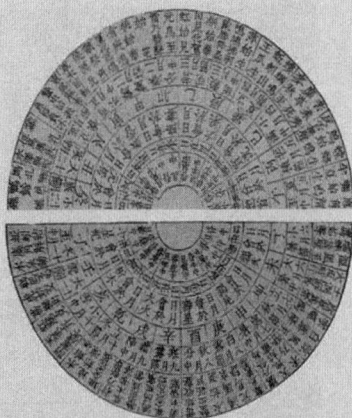

二十四节气。二十四节气是华夏先民根据农业生产需要创造的一种农事历，堪称古代农业科学上的一大创举。它根据地球环绕太阳运行所处位置的不同而划定，在我国应用至今。

而夏至冬至、春分秋分以外的节气名，在先秦文献中也屡见不鲜。最迟到战国末期，已经完整地确立了太阳移动的黄道上二十四个具有季节意义位置的日期，这就是二十四节气，汉初的《淮南子·天文训》中有详细记载。作为二十四节气的补充，又有七十二候，这在《逸周书·时训篇》中可以见到。

汉改用太初历

元封七年（前104）五月颁行了邓平、落下闳等人创制的新历，并改此年为太初元年，这一历法后来被称为《太初历》。这是中国第一部有完整文字记载的历法。

太初历建立在当时天文实测的基础上，它采用夏正，以冬至所在月作为十一月，以寅月为正月，以正月为岁首。这与一年的农事起始时间符合，适应人们春夏秋冬四季作为一年的习惯。同时《太初历》以没有中气的月份为闰月，以135个月为交食周期。《太初历》采用八十一分律历，以音律起历，一个朔望月是29又43/81日，平均历年长度是365又385/1539日。另外《太初历》记录了日食、月食周期，还测定了五颗行星的会合周期。

《太初历》的形成在阴阳五行说盛

汉简历谱

行的年代，它的出现带有其独特的政治、宗教含义。《史记·历书》记载，汉高祖刘邦相信五德终始说，自以为得了水德，所以沿袭秦代的历法。汉孝文帝时，有人上书认为汉是得土德，于是有了改历一说，到汉武帝时就实现了改历。五德终始是战国时期阴阳家邹衍的历史观，土、水、木、金、火为"五德"，五种性能从始至终、终又复始的循环运动为"五德终始"，他认为这是历史变迁、王朝更替的根据。这一学说产生了深远影响，汉武帝改历就是为了使历法与五德终始说相适应。《太初历》既未改动甲寅年的年名，又在实际运算中将太初元年定为丁丑，所以既顺从了皇帝意愿，又没破坏纪年连续性，所以它本身就有政治宗教双重含义。

在中国历法史上，《太初历》的出现也是一次重大转变，战国时期一直到汉武帝改历用的都是颛顼历，以365又1/4日为一个回归年，称"四分历"，而《太初历》则是以365又385/1539日为一年。

最终在元和二年（85）由于太初历的回归年和朔望月数值太大，加上历元也有误差，于是改而颁发了李梵、编诉等人制订的四分历。《太初历》从前104年颁行用到84年，共施行了188年。

《天官书》确定中国的天官体系

　　《天官书》是西汉司马迁《史记》中一篇，是中国流传至今的最早的系统叙述星官的著作。它收录恒星558颗，是司马迁收集到的命名了的星数，比先秦诸籍所记增加了350多颗。它不同于西方诗的命名法，而采用散文的命名法。司马迁在早已存在的北斗、四象、二十八宿的星官体系的基础上，进一步发展出五宫二十八宿的完整体系。

　　在司马迁笔下，中宫是想象中的天上社会的政治中

汉代画像石中的北斗星象图（拓片）。在墓中刻北斗七星以象征帝王之车，乘北斗升天。

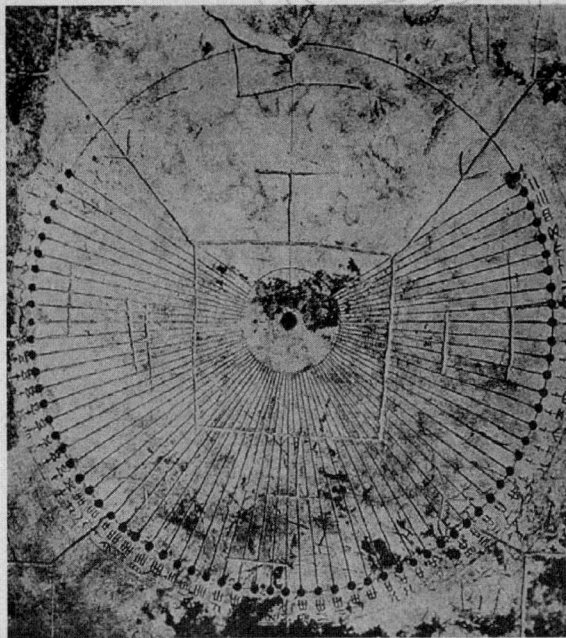

汉代石日晷

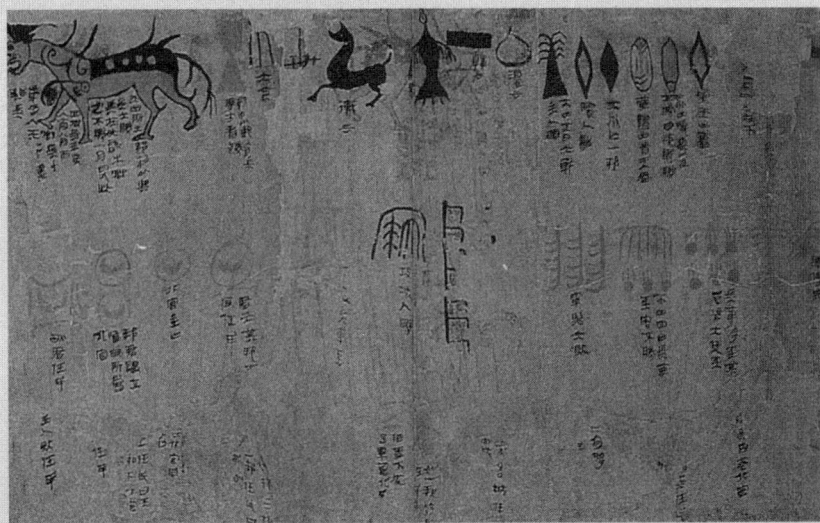

西汉帛书云气占图

心。北极星命名为太一，它无明显的周日视运动，故说"太一常居"，就如天上最尊贵的天帝。旁有三星象三公大臣，后有钩曲四星若似嫔妃，外部环绕的十二星象藩臣护卫。北斗描绘为"斗为帝车，运于中央，监制四乡。分阴阳，建四时，均五行，移节度，定诸纪，皆系于斗"。它能分辨阴阳，建立四时，调和五行，推移节气，确定星纪，充分表达出中宫至高无上的权威。东宫有角、元、氐、房、心、尾、箕七宿，它们形成苍龙之象。南宫有井、鬼、柳、星、张、翼、轸七宿，它们形成朱雀之象。西宫有奎、娄、胃、昴、毕、觜、参七宿，它们形成白虎之象。北宫有斗、午、女、虚、危、室、壁七宿，它们形成玄武之象。

司马迁结束了战国时期不同星官划分体系并立的局面，对当时认识的恒星作了系统的总结，这一命名体系大部分为后世所沿用。《天官书》的星官体系，巧妙地将各个星官统一成一个有机的整体，为当时盛行的天人说添上了一个极有色彩的天上社会。从天文学的角度说，新的星官体系，有助于进一步研究日月五星的运动。司马迁为了制订太初历，曾树晷表，立浑仪，测量日月五星及二十八宿的位置，新的星官体系为恒星观测提供了方便，这是司马迁对我国古代天文学发展作出的一项重大贡献。

《天官书》还对先秦以来的星占学作了一个总结。行星在星占中占有重要地位，《天官书》用了不少篇幅专讲五星占语，司马迁根据当时对五颗行星的观测，知道它们都有逆行，而先秦时期甘、石两派占家都以为只有荧惑（火星）有逆行，用该星逆行所在位置和其它星的逆行作占，指出这一点不但说明了五星的运行特点，而且否定了这种占星方式，这是难能可贵的。

司马迁在记岁星（木星）所在位置时，指出了当时用岁星纪年法该使用的岁名，同时指出该年可能出现的旱、大水、谷熟等有关农事的星占记事，可见用木星位置作占，暗含了日地关系的影响。

《天官书》内容十分丰富。除以上提到者外，书中还记录了太阳系其它天体的现象，如彗星、流星、陨石、黄道光、火流星等，也记录了极光、云气、交食、交食周期、突发变星等地球物理现象和天象，实在是当时的一部天文学百科辞典。

汉武帝刘彻祀神求仙

　　汉武帝刘彻即位后，受方士们的诱惑，很喜欢祀神求仙。方士请他祭祀泰一，他就命太祝于长安城东南筑泰一坛，每天一具太牢，连祭7天。有人请他祭三一即"天一"、"地一"、"泰一"，刘彻又照办于泰一坛上一块设祭。元鼎五年（前112），刘彻于甘泉立泰畤坛，以白鹿和白牦牛为祭，天子于黎明时行郊礼，对泰一下拜。早晨祭日，黄昏祭月。

　　元鼎四年（前113），刘彻巡行到汾阴，筑后土祠，祭礼与郊祀上帝同。于是天地之祀有了固定地点，祭天在国都西北的甘泉，祭地在国都东北的汾阴。

　　刘彻的求仙大致可分为三部分：其一是召鬼神。如命方士少翁召李夫人魂灵。其二是炼丹沙。如李少君鼓动他以丹沙所变黄金铸饮食器可以长寿成仙。其三是候神。如命公孙卿到名山访仙人，但无法得见，只好在

"延年益寿"画像砖

建章宫北的泰液池中筑蓬莱、方丈、瀛州 3 岛，又雕刻许多石鱼、石鳖排列上面，以自我安慰。

刘彻的郊祀与求仙，对汉代政治生活具有重要影响，甚至古代帝王的年号，也是由刘彻获麟而创始的。元狩元年，他到雍县祀五帝，猎获一白麟，群臣即请定该年为"元狩"元年，即过去 18 年画为 3 段，前 6 年号"建元"，中 6 年号"元光"，后 6 年则号"元朔"。

"盖天说"出现

　　西汉时期，以成书于公元前1世纪的《周髀算经》
为代表，出现了较完整的、成体系的"盖天说"。

　　盖天说认为天像圆形的斗笠，地像扣着的大盘子，
都是中间高而四周低的拱形，北极是天的最高点，天地
之间距离八万里，天穹上的日月交替出没，大地上就有
了昼夜。据《晋书·天文志》载，即是："其言天似盖笠，
地法覆槃，天地各中高外下。北极之下为天地之中，其

西汉天象图（部分）。
此为汉墓墓顶的画面。
大圆圈内绕着二十八宿
和与四神相配的星图。
星座用白色平涂、黑线
勾图，星与星之间用黑
色直线上连。圆环中部，
南边绘太阳，北边绘月
亮，其余部分满绘着流
动圆转的云纹和姿态各
异的仙鹤。此类较完备
的天象图在国内尚属首
次发现。色彩斑斓，使
用了石青、石绿、朱砂、
白、黑、雪青等几种颜
色，用笔流畅潇洒，技
法娴熟。

地最高，而滂沱四隤，三光隐映，以为昼夜……天地隆高相从，日去地恒八万里。"为说明日月星辰的出现原理，东汉学者王充曾以火光作例进行解释："今试使一人把大炬火，夜行于平地，去人十里，火光灭矣；非灭也，远使然耳。今，日西转不复见，是火灭之类也。"即认为，日月星辰的出没，只是离远就看不见，转近就看见它们照耀，并非真的忽生忽灭。

盖天说还力图说明太阳的运行轨道，定量地表述盖天说的宇宙体系。《晋书·天文志》载："天中高于外衡冬至日之所在六万里。北极下地高于外衡下地亦六万里，外衡高于北极下地二万里。"汉赵爽注《周髀算经》载有七衡六间图，图中有七个同心圆。每年冬至，太阳处于最外圈，即"外衡"；出于东南没于西南，正午时地平高度最低；夏至时，太阳在最内圈运行，出于正东没于正西，正午时地平高度最高；春秋分时，太阳位于中间圈，出于正东没于正西，正午时地平高度适中。各个不同节令太阳都沿不同的"衡"运动。

这与较早传说的"天圆如张盖，地方如棋局"的天圆地方说相比，有一定的进步，已经形成一个完整的、定量化的体系。虽然随着天文学的发展，这种不符合实际的理论越来越为观测的事实所否定，但它从古人质朴的直观性出发，力图说明天体视运动现象，具有珍贵的历史意义。

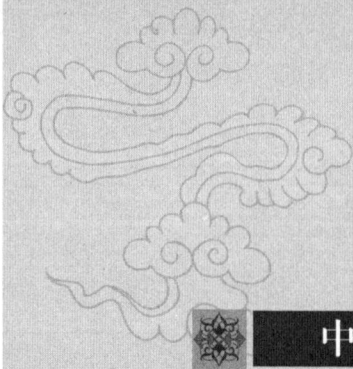

中国古代计时器发展成熟

中国古代计时器的创始时间不晚于战国时代。应用机械原理设计的计时器主要有两大类，一类利用流体力学计时，有刻漏和后来出现的沙漏；一类采用机械传动结构计时，有浑天仪、水运仪象台等。此外，还有应用天文原理（大都根据日影方向测定时间）计时的日晷，它也是中国最古老的计时器之一。

漏刻是我国古代最主要的计时器，其原理是利用滴水多寡来计算时间，所以后人又称它为"水钟"。漏刻的基本装置是漏壶，多为铜制，因而习称"铜壶滴漏"。

漏壶种类很多。古代埃及和巴比伦等国家也使用过。中国历史上用得最多、流行最广的是各式各样的箭壶，元代还出现过以沙代水的沙漏。多少个世纪中，漏壶由简到繁，由粗到精。我们的祖先创制出五花八门的多级漏壶，发明了使水位保持恒定的"莲花漏"，留下了数之不尽的古钟佳话。英国的中国科技史专家李约瑟在赞誉中国的水钟时写道："这种计时器，在他们的文化中已发展到登峰造极的地步。"

女坐俑。银俑发髻上挽，身着多层交领广袖衣，比例适度，神情拘谨，是一个年轻侍者的形象。

四分历颁行

元和二年（85）二月，始行四分历，以取代行之百
余年的太初历。永平九年（66），太史待诏董萌上言太

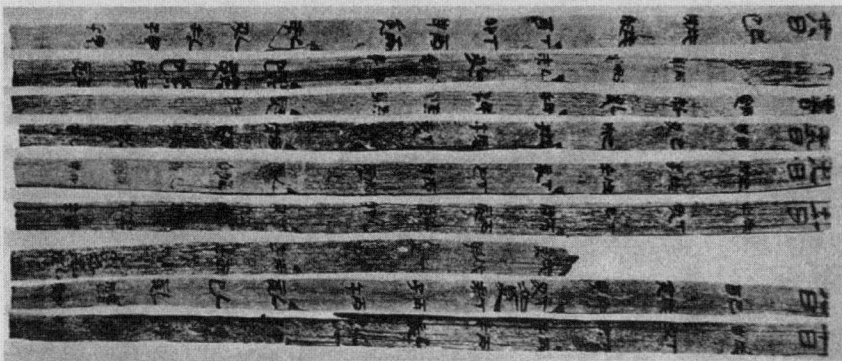

汉代历谱木简

汉代木雕天象图。星图刻于棺椁顶板上。雕有日（金乌）、月（蟾蜍）、星辰等，有一星座已用
连线表示。木雕的天象图保存至今，图形仍清晰可见，是我国发现的最早的木雕天象图，乃是
极其珍贵的文物资料。

初历不太正确，事后三公太常知历者各执一词，到了十年（67）四月，还是无人能分明正误。刘炟（章帝）于是命编欣、李梵等作"四分历"以取代施行百余年的"太初历"。四分历以 365 又 1/4 日为 1 岁，因而将周天分为 365 又 1/4 度。1 岁长度微有变化，周天度值也有差异；其差相当于岁差。四分历的颁行，是我国天文学上的一大进步。

汉代木刻星象图。左为太阳，周围有九个较小的太阳，左上方一人，可能是传说中射九日的羿。右为月亮，月亮中有蟾蜍，月的下方也有一人，可能与"嫦娥奔月"的神话故事有关。月后有七颗星，其中三颗连成直线，另四颗呈斜方形分布。

张衡发明制造漏水转浑天仪

东汉时期，中国出现了一位多才多艺的科学家张衡，他在天文学和地学方面的理论和实践活动，使他享有盛誉，他发明闻名于世的候风地动仪，是世界地震测报史上的重要里程碑，而根据他的浑天说理论发明和制造的漏水转浑天仪，又使他成为我国水运仪家传统的始祖。

张衡（78～139），字平子，南阳西鄂（今河南南阳石桥镇）人，是我国东汉时期著名天文学家、政治家、文学家和画家，浑天说的代表人物。汉和帝永元十二年（100），他任南阳太守鲍德的主簿，创作的《东京赋》和《西京赋》，广为流传。后又用了3年时间钻研哲学、数学、天文，永初

张衡之水运浑天仪系将计时之漏壶与浑仪相结合，即以漏水为原动力，并引用漏壶之等时性，通过齿轮系统的传动，演示天体运行情形。

五年，出任郎中和尚书侍郎，元初二年（115）起，曾两度担任太史令，前后历14年。其在天文学史上的成就尤为引人注目。

浑天说是张衡宇宙结构理论，《张衡浑仪注》是这方面的理论著作。他认为天好像一个鸡蛋壳，地好像是蛋黄，天大地小，天地各乘气而立，载水而浮。为了演示这一理论学说，张衡以西汉耿寿昌的发明为基础，于117年，发明并制造了漏水转浑天仪。这台仪器用精铜铸造而成，是一个直径4尺多（约1.5米）的球，代表天球，可绕天轴转动，上刻二十八宿，中外星官以及黄道、赤道、南极、北极、二十四节气、恒显圈、恒隐圈等。为了使浑象自行运转，他利用齿轮系统将浑象与漏壶联系起来，用漏壶滴出的水作为动力启动齿轮，带动浑象绕轴转动。通过选择适当的齿轮个数和齿数，使浑象一昼夜和地球自转速度完全相等，以演示星空的周日视运动，如恒星的出没和中天等。通过对它的监测，人们可以知道日月星辰和节气的变化。它还有一个附属机构叫做"瑞轮蓂"，是一种机械日历。它有传动装置和浑象相连，从每月初一开始，每天生一叶片，月半后，每天落一叶片，用于显示阴历的日期和月亮的圆缺变化。

漏水转浑天仪用的是两级漏壶，是现今所知最早的关于两级漏壶的记载。它的受水壶也是两个，壶盖上各有一个金仙人，左手抱壶，右手指刻，一个指示白天的时间，一个指示夜间的时间。

张衡的天文学成就的取得，与他精确细致的天象观测有直接的关系，他所统计的在中原地区能观测到的星数约 2500 颗，且基本掌握了月食的原理，对太阳和月亮的角直径的测算相当准确。

这些成就的取得，无论在天文学史上还是在思想发展史上都有相当重要的意义，他极力反对谶纬神学与历法的附会并被列为太学考试的内容，在迷信之说面前表现了大无畏精神。

天象观测是中国古代天文学取得辉煌成就的重要领域，张衡发明的漏水转浑天仪成就是观测仪器发明制造的杰出代表，其功能、设计制作的复杂和精确程度均是世界上罕见的，是世界上见诸记载的第一架水力发动的天文仪器，对后代影响极为深远。

张衡建立宇宙论学说

张衡的宇宙论是"浑天说"理论。浑天说是在人们使用仪器测量天体位置的基础上产生出来的一种宇宙结构学说，这是从战国时期才逐渐酝酿出来的。在使用某种赤道式简单仪器观测时，就能发现各种天体都有围绕北极的东升西落的视运动，运动速度均匀。由于对圆早有认识，不久这种运动轨迹就同圆联系出来而产生了天赤道、黄道等概念，从而为浑天说的产生创造了条件。从一定程度上说，浑天说是伴随着浑仪的运转而出现的。

张衡的《浑仪注》明确地表达了浑天之说，该文阐述说："浑天如鸡子。天体如鸡子。天体圆如弹丸，地如鸡子中黄，孤居于内，天大而地小。天表里有水，天之包地，犹壳之裹黄，天地各乘气而立，载水而浮。"我们可以把这段话看成是原始的"天球说"：浑圆的天球壳包围着观测地，一圆周为365又1/4度，地是平的，故将天球截成两半，在地平以上的可见的半球为182又5/8度，地平以下看不见的半球也是圆周的一半为182又5/8度。天球上有南北极，北极是北半天球上天体运转的中心，它高出地平36度。以北极为中心角直径为72度的范围内是常见不隐的星，它们永远不会落到地平以下。

天球南北两极之间的角距离也是 182 又 5/8 度，天球绕
南北极的转动好似车轮绕车轴的旋转一样，它不停地运
转，其形浑圆。显然，这段话是对天球赤道坐标体系的
准确描述，也是制造浑天仪的理论依据，清楚地解释了
天体的周日视运动。这种原始的天球说对中国古代天文
仪器的发展和测量天文学的发展起了重要作用。浑天说
作为天球说虽然很成功，但作为一种宇宙构造说则缺陷
很大。第一，一个硬壳式的里表充满水的天是不存在的，
天地都载水而浮也纯是想象；第二，"地如鸡子中黄"
的说法只表示天在外地在内，但根据他给出的数据并不
能证明地是球体；第三，《灵宪》中说"日譬犹火"，
而浑天说中日落地平以下又得通过水，水火怎能相容。
可见，浑天说这种有限宇宙模型有着自身的矛盾性。

张衡宇宙论的另一重要组成部分是他在其名著《灵宪》
中阐发的宇宙的生成和演化理论。他认为，宇宙的最初阶
段可以称为"太素之前"，其中只是一片空虚，其外什么
也没有，故"不可为象"，但"道"和"根"却在里面；
第二阶段叫"太素始萌"，道根的存在使能"自无生有"，
出现了"浑沌不分"的状态；第三阶段为"元气剖判"，
此时"刚柔始分，清浊异位。天成于外，地定于内。"

由于张衡亲自做过大量的天文观测，有着丰富的观
测经验和天象知识，因此，他的著作的许多内容都是他
观测经验的总结，非常可靠，具有相当程度的科学性，
比如他月相变化和月食形成的解释都相当科学。

虞喜发现岁差·创安天论

咸和五年（330），晋天文学家虞喜发现岁差现象。

所谓"岁差"，是指由于每年地球自转轴的方向发生变化，而使得春分点沿黄道向西缓慢运行，导致回归年比恒星年短的现象。

虞喜认为，"通而计之，未盈百载，所差二度"，因此得出50年差一度的结论。这个看法在世界天文史上居领先地位，也较为精确。虞喜岁差的发现使我国的天文历法比较早地区分了恒星年与太阳年，是中国天文史上的一大发现。

虞喜字仲宁，会稽余姚（今浙江）人，咸康年间（335～342），著有《安天论》，提出了一种崭新的宇宙理论。

安天论认为天高地深都是无穷尽的，天因其上而有不变的形态，地因在下而成为可居住之体，天覆盖地并无方形、圆形相接之说，因为它们是没有穷尽的；各种天体分布于天地之间，各自按自己的规律运行，就仿佛是潮汐有规律一样。安天说是对天地关系的一种哲学思考，并未深究各种天体具体的运行规律。

　　魏晋以前的天文家，大致有盖天、宣夜、浑天三家，魏晋时又有昕天、安天、穹天三家，合称论天六家。

　　东晋河间相虞从撰《穹天论》，以为天穹之形像鸡蛋，幕垂天际，四周接四海之表，浮于元气之上。相比之下，虞喜的安天论更有合理的内核。

宋更铸浑天仪

宋文帝元嘉十三年（436），宋更铸浑天仪。

浑天仪是一种天文仪器。早在汉武帝时，就有落下闳创制"浑天"。汉宣帝时，董寿昌更铸铜为象，以测天文。至东汉张衡，妙尽璇玑之正，作浑天仪，推算星辰出没移动，都很准确。浑天仪由此得到了推广运用。

东晋末年，太尉刘裕征伐后秦时，缴获一尊古铜浑天仪，运回建康（今江苏南京）。但当时浑天仪已经破损，而刘裕建宋初期也未来得及修制。宋文帝元嘉十三年（436），宋文帝刘义隆令太史令钱乐之重新铸造浑天仪。钱乐之以原制为范本，仍然效仿张衡所制以水为动力运转。浑天仪径长6尺8分，上铸各种星宿天象，转动时浑天仪所表现的昏明中星与天象运转很易吻合。

宋更铸浑天仪，是对当时这一先进的天文仪器的继承和改进，同时也说明了南北朝时期人们对天文学知识的积累进一步丰富。

祖冲之造大明历

南朝宋孝武帝大明六年（462），著名数学家、天文历算学家祖冲之在总结前人经验的基础上，经过自己实际测量和精确运算，编制了一部优秀的历法——大明历，这是南朝最优秀的历法。

南北朝出现的历法很多，北朝尤盛。北朝的统治者们相信改历、改元会使他们的政权长久的五行说，先后编造了12部历法。南朝的情况也大致相似。

祖冲之大明历的编制的最大创造性就表现在将东晋虞喜发现的岁差现象引入历法计算之中。这样冬至点就是逐年变动的，纠正了历法中固定冬至点与天象的不合。这不仅克服了旧历的严重缺陷，而且提高了历法计算的精度。祖冲之勤于实测，长于数学，为了使所编历法的基本常数回归

祖冲之像

年长正确，他于大明五年（461）冬至前后用圭表测量日影而定冬至太阳在斗十五度，与过去的值比较后，得到岁差每45年11个月差一度的结论。虽然他定的岁差值精度不高，但这是开创性的工作，在中国历法史上是一个重大进步，而且他的测量和计算方法被后世所效法。

大明历以365.2428日为回归年长，此后的700年间，这一年长值一直是最好的。大明历计算出的交点月数值为27.21223日，与现代测得的值27.21222日相差仅万分之一日；计算出的近点月数值27.554687日，与现代测得值27.554550相差不过十万分之十四日。祖冲之还采用了391年中有144个闰月的精密的新闰周。这些卓越成就都是建立在精确的天文观测基础上的，同时与数学的进步密不可分。

然而这部优秀历法诞生以后，受到权臣戴法兴的阻挠而未能及时颁行，直到梁天监九年（510）才得以行世，这是中国科技史上一件十分遗憾的事情。

范缜著《神灭论》

齐永明七年（489），范缜著《神灭论》，提出形灭神灭的观点，引起全国轰动。

范缜（450～515），字子真，南阳舞阳（今河南泌阳县西北）人。自小家贫而孤，他刻苦学习，精通经术，尤其精研三礼，曾任县主簿、太守，后来累官至尚书殿中郎。他性格刚直，素来不信鬼神，反对迷信，在任宜都太守时，下令禁止当地人民祭祀神庙。在南齐武帝永明七年（489）和丞相萧子良论证"因果报应"问题后，开始著述《神灭论》。这本书继承了我国古代唯物主义思想家反对鬼神迷信的优良传统，坚持朴素唯物主义和无神论观点。

范缜在《神灭论》中，首先以朴素唯物主义的形神一元论作为自己"神灭"论的出发点，提出"形

南朝出行画像砖

神相即"的思想理论，他说明了形和神的关系是统一而不可分的，人的精神不能离开人的形体而单独存在。形体是基础，精神的"生"和"灭"取决于形体的生存和死亡，所以他说"形存则神存，形谢则神灭"。

为了论证"形神相即"，形体与精神名称不同而实际是一体的观念，范缜继而提出"形质神用"的观点。"质"是物质实体，"用"指作用，他说形是神赖以产生的实体，是第一性的，神只是形体派生出来的作用，是第二性的，二者不可分割。范缜深刻地阐明了人的形体与精神关系的特点，把形神看作是一个统一体的两个方面。

范缜扬弃了桓谭、王充用薪火关系比喻形神关系的不够确切的说法，提出以刀的"刃"和"利"的关系比喻形与神的关系。他说没有刀刃的存在就没有锋利可用，人的形体死亡，精神作用也就不复存在。围绕"形神相即"这一主旨，范缜进一步阐述"形质神用"的观点，批驳了"神不灭"论者的"形神相异"的谬误。

范缜从形神一元论出发，进一步指出精神现象只是人体的感觉器官和思维器官的作用。人们的看东西、听声音要靠眼睛和耳朵这两种器官，要进行判断是非则要靠主管思维的器官"心"。人的精神作用可分为"知"和"虑"两个阶段，感性上的"痛痒之知"的认识作用较肤浅，理性上的"是非之虑"则比较深刻。人们通过眼、耳、手等感官接触，再以"心"思考和判断，就可以明

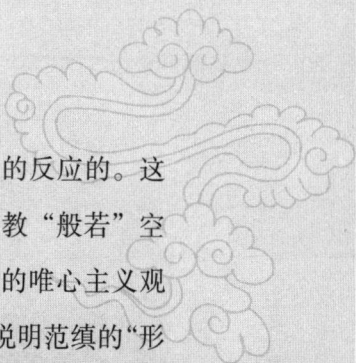

辨是非，人的认识都是来源于感官对外物的反应的。这就驳斥了佛教宣扬的"神不灭"论以及佛教"般若"空宗所说的人的内心有神秘先验的认识能力的唯心主义观点。这也正是范缜形神观高于前人之处，这说明范缜的"形神相即"的唯物主义形神一元论思想已经达到了古代朴素唯物主义所能达到的最高水平。

范缜在解释社会现象时，不可避免地带有古代唯物主义的局限性。他误认为"心"是思维的器官，认为"圣人"和一般人有不同的智慧和道德是因为他们的体质构成不相同，他对传统儒家经典中提到的鬼神不敢公开怀疑，在反对"神不灭"论时，又承认神道设教的社会作用。这些反映了范缜思想中的矛盾性和局限性。

范缜的《神灭论》是继王充的《论衡》以后，我国又一部具有重大历史意义的唯物主义哲学论著。范缜继承了我国古代唯物主义思想家反对鬼神迷信的优良传统，尤其是继承了荀子、桓谭、王充以及当时反佛斗争的先驱者何承天等人的朴素唯物主义和无神论思想，以《神灭论》针对佛教展开批判，从而把反佛斗争推向一个高潮。范缜一生对佛教神学迷信作了坚决而勇敢的斗争，是我国历史上生出的战斗无神论者和唯物主义者。

刘焯定《皇极历》

隋大业元年（605 年）八月，隋代天文学家、算学家刘焯制定《皇极历》。

刘焯（544 ~ 610 年），信都昌宁（今河北冀县）人，刘献之三传弟子，传其毛诗学。又受《礼》于熊安生，与刘炫齐名，时称"二刘"。精通天文，著有《稽极》10 卷、《历书》10 卷及《五经述议》等书。曾奉名与刘炫考定洛阳石经，在辩论时责难群儒，因受谤免职。

隋炀帝继位后，刘焯被征用。仁寿四年（604 年），刘焯制定《皇极历》。《皇极历》是当时最好的历法，有许多革新和创造。刘焯不但考虑到月亮视运动不均匀性，而且还考虑太阳周年视运动不均匀性，开始用较合理的内插公式来计算定朔校正数，从而超过前人的历法。刘焯又改岁差为 75 年差 1 度，比虞喜和祖冲之的推算更接近实测值（今测为每隔 76.1 年差 1 度。当时欧洲还沿用 100 年差 1 度的数据）。他在推算日行盈缩，黄、月道损益及日、月蚀日期方面均比前代历法精密，并在造历过程中，首先用定朔法代替了以往使用的平朔法，这是我国古天文学上的一项重大变革。《皇极历》曾在理论上提出测量子午线长度的方法，目的在于否定过去所谓表"影千里差一寸"的说法。由于保守派的反对，实测子午线没有实行，《皇极历》也未颁行。但是唐开元十二年（724 年），南宫说按照刘焯的理论，在世界上首次实测出地球子午线的 1 度之长为 351 里 80 步。《皇极历》在唐代成为李淳风制《麟德历》的依据。

总之，刘焯定《皇极历》是我国天文学史上的一大进步。

古星图保存于经卷中

隋唐时期，天文学十分发达。人们在提高天文历法水平的同时，也加强了对天文观测、星体描绘工作。

唐代开元时人王希明作《步天歌》，继承了古代天体三垣和二十八宿的星图体系，加上他的实际观测，按三垣二十八宿重新规划了全天可见的星官，从而建立了中国古代流传最久的三垣二十八宿体系。

由于岁月久远，这些星图大多失传。近来人们在敦煌经卷的整理过程中，发现有一幅古星图完好地保存在经卷中。

星图大约绘制于唐中宗李显时期（705～710）图上共有1350多颗星，分别用圆圈、黑点和圆圈涂黄三种方式画出。画图方法为：从十二月开始，根据每月太阳位置，沿黄、赤道带分成12段，紫微垣以南诸

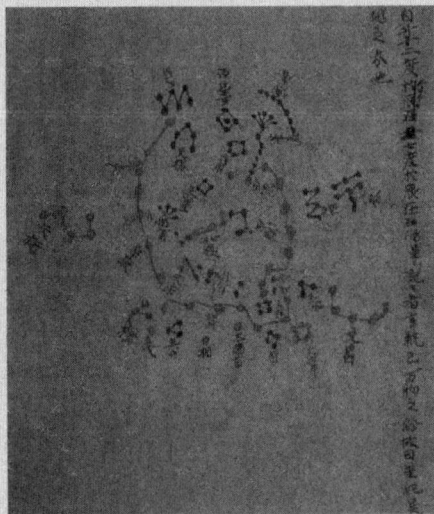

敦煌卷子星图，抄写时代约在唐代。将紫微垣画在以北极星为中心的圆形平面投影上。

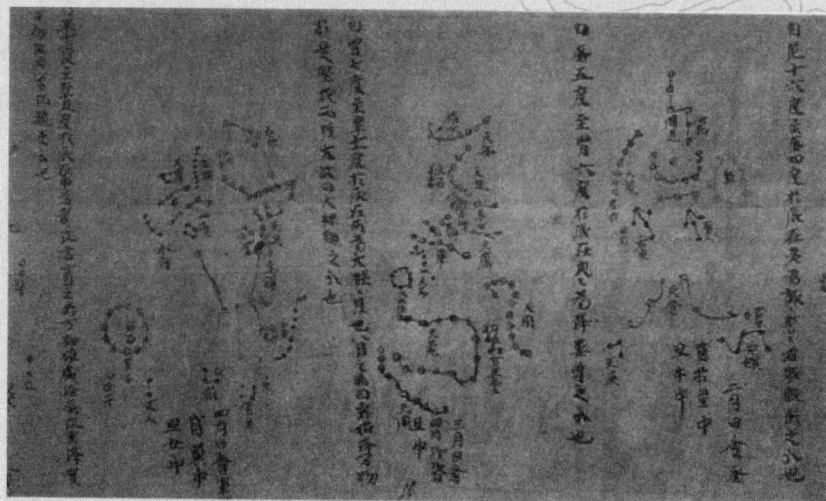

唐敦煌卷子星图。星图的画法从十二月始，按照每月太阳所在的位置，分十二段，把赤道带附近的星，利用圆筒投影的办法画出。恒星的画法分别用黑点和圆圈涂黄色表示。

星，用近似墨卡托圆筒投影的方法绘出，然后再在以北极为中心的圆形平面投影上绘出紫微垣。从星图下面的文字推测，太阳的每月位置并非在绘图时实测，而是沿用了《礼记·月令》的说法。

敦煌古星图是全世界现存古星图中星数较多而又较为古老的一幅。它反映了中国古代文文学方面的杰出成就，对研究中国古代天文学史具有重要的参考价值。

第一次实测子午线长度

　　唐代开元十二年（724），中国的一行进行了世界上子午线（经线）1°弧长的第一次实测工作，比阿拉伯天文学家阿尔·花剌子密于814年进行的实测早90年。

　　一行（683～727），本名张遂，魏州昌乐（今河南省南乐县）人。中国唐代高僧、天文学家和大地测量学家。

　　开元年间，一行为编撰《大衍历》，发动和组织了大规模的全国天文大地测量，测量点共12个，南至交州，北达铁勒。他们测量了各测点二分二至时正午日影长度、测点的北极高度以便决定南北昼夜的长短，还测量了各地日食的食分等。一行发明了《覆矩图》，并以丹穴为南界，幽都为北界，北极高度每变化一度，相应的变化就用覆矩图表示出来。

唐代僧一行。一行（683～727），本名张遂，魏州昌乐（今河南乐县）人。唐代著名天文学家、佛学家，在编制《大衍历》和主持天文大地测量方面贡献卓著。

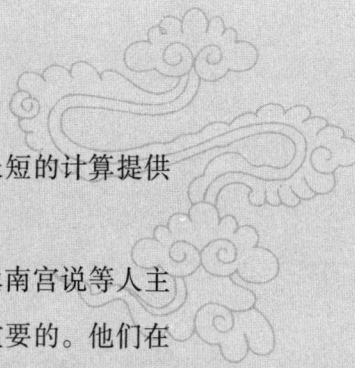

这些测量为《大衍历》关于日食和昼夜长短的计算提供了很重要的数据。

而一行所领导的，由天文学家太史丞南宫说等人主持的在河南的测量，是这次测量中最为重要的。他们在大致位于同一子午线上的白马（今滑县附近）、浚仪（今开封西北）、扶沟和上蔡四地测量了夏至正午日影长和北极高度，并用测绳丈量了它们之间的距离。经归算，从白马到上蔡有526.9里，日影长相差2.1寸。一行通过与其它地方的测量相比较，得出地上南北相差351.27里，北极高度相差一度。我国古制1里等于300步，1步等于5尺，一唐尺等于24.525厘米，1周天等于3651/4度，据此可换算出北极高度变化1度，南北之间距离为129.22公里（今测值为1° 弧长111.2公里）。

《周髀算经》中讲述盖天说关于天地距离，周都至北极下的距离，冬至太阳所在外衡的半径等数据，均以"日影千里差一寸"的假设进行推算。南朝时何承天派人去交州测影，从而得到了"是六百里而差一寸"，几百年来被人们奉为经典的说法开始受到怀疑。隋代的刘焯很希望组织一次较大规模的大地测量以得出较正确的结果，但隋王朝荒淫无度，很快覆灭，未能如愿。唐代一行组织的这一次大地测量，不仅为《大衍历》成为一部优秀的历法作出了贡献，而且彻底否定了"日影千里差一寸"的陈见，故意义十分重大。

　　公元前 3 世纪末，古希腊天文学家厄拉托塞内斯是在地为球形的思想指导下设法测量地球周长的；毕达哥拉斯学派从旅行者看到的极高变化而想到大地为球形。遗憾的是，中国传统天文学中没有明确的地球概念，一行等虽已测出了地球子午线 1° 的弧长，已经走到发现大地为球形的边缘，却仍与这项发现失之交臂。

一行等作水运浑天仪

唐开元十三年（725）十月，僧一行和梁令瓒及诸术士合作，制成了水运浑天仪。

浑天仪以铜铸造为球形，球形浑象内列满星宿，注水冲轮，使球形浑象旋转，自转一周为1日1夜。球形浑象外又安置2个圆环，环上缀日月。日标每昼夜回转一周，又沿黄道（太阳在天球中的视运动轨道）东行一度，365日沿黄道移动一周；月标每昼夜回转一周，27日半沿白道（月球在天球中的视运动轨道）移动一周，为1月。

分野图。分野图即天象分野图。分野之说是我国古代星占术中的一种概念，它认为地上有各州、郡，天上也有对应区域。这幅分野图保留了隋唐以来分野图的精华，是研究古代分野说的珍贵资料。

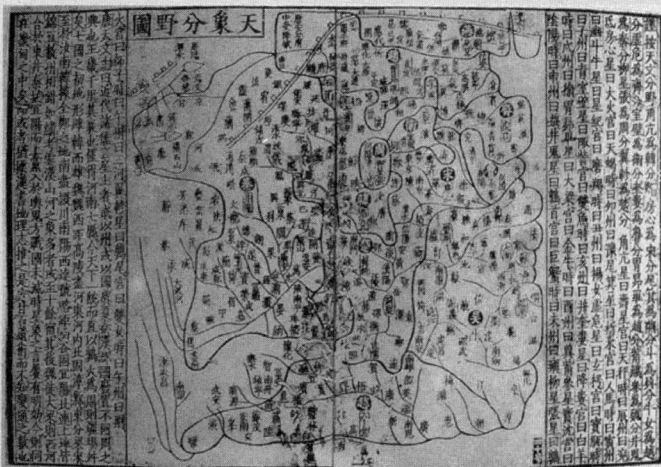

水运浑天仪放置在木柜上，木柜顶端和地面持平，使浑天仪一半在地上一半在地下。另外，有两木人立于平地上，前置钟鼓，以候辰刻。其一每刻击鼓，另一则每辰（今两小时）撞钟。所有机关都藏在柜子里面，时人都惊叹其巧妙。

浑天仪全称为"水运浑天俯视图"，制成后放在武成殿前。运行后仪器被水击湿而不能自转，于是被收藏在集贤院中，不再使用。

水运仪天仪既能表示天体运动，又能指示时间，是后世天文钟的前身。

王希明重建三坛二十八宿

  中国古代第一个完整的星宫体系是西汉时期由司马迁总结完成的，记录在《史记·天官书》中，这是一个将二十八宿划分为东南西北四宫，将北天极附近天区划入中宫的五宫体系，天有五星，星有五宫，地有五行，司马迁的星宫体系虽然较为完善，但未能区分汉代以前早已形成的巫咸、甘德和石申三家星宫。

  第一个又能区分三家星，又是统一的一个星宫体系是三国时代吴国太史令陈卓建立起来的，该体系划分有283个星宫共1464颗星，除了二十八宿还有铺宫附座。刘宗元嘉十三年（436），太史令钱乐之曾制作过地平在球内的浑天象和地平在球外的浑象，上面所缀星象用红、白、黑三种颜色分别表示石、甘、巫三家星宫，是陈卓星官体系在浑象上的具体应用。

  隋文帝杨坚在位期间让天文学家庾秀才、周坟等人以钱乐之浑象

唐梁令瓒《五星二十八宿神形图》（部分）

上的星官为底本，参照周、齐、梁、陈各国官方星图以及祖暅、孙僧化等各家私家星图，重新编绘出一幅图形星图，该图核校了甘、石、巫三家星位，绘有内规和外规，内规以内的星常见不稳，外规以外的星为观测不到的南天星，中间绘有黄道和赤道，当时由于不懂黄道投影到赤道平面上为一扁圆而将黄道也画成一个大圆，但这幅星图使陈卓星官体系得以留传。

唐梁令瓒《五星二十八宿神形图》（部分）。绢本设色。中国古代对天文的研究有很高成就，对五星观测起源很早，而对二十八宿的了解也始于渭水周族，以赤道距度为凭测天，表现了上古天文学的进步和特色。在特定的历史环境下，许多古代天文学家也擅长占卜，这种占星术引起对星象观测的注意，对天文学的发展起了一定作用。在古代若干观天历算的经典中，往往将五星、二十八星宿比喻为人形、兽形、鸟形及器用等，这些经典时常附图，《五星二十八宿图》应属这一类型的图绘。每星、宿一图，或作女像，或作老人，或为婆罗门及其他怪异形象不等，卷首题"奉义郎陇州别驾集贤院待制仍太史梁令瓒上"，其后逐段篆书题其星、宿名称及形象。

　　陈卓的星宫体系还通过星象赋的形式留传，这就是在敦煌发现的陈卓所撰的《玄象诗》。《玄象诗》中虽然出现紫微垣、太徽垣和天市垣三垣的名称，但其中只有紫徽垣单独列出，太微垣和天市垣是在介绍三家星中顺便提到的，没有叙述"围垣"内的恒星，只介绍了作为"围垣"的诸星。另外，书中介绍星官的顺序并未按二十八宿，而是按石氏中外官、甘氏中外官和巫咸氏中外官的顺序进行，从客观效果上看，不按二十八宿编排，实用中不方便。

　　唐代改变了这种因强调三家星的区别而打乱二十八宿的旧体系，丰富了三垣的内容，建立了在中国古代流传最久的三垣二十八宿体系，这一新体系的建立者是《步天歌》的作者王希明。

　　王希明是唐代开元时人，《新唐书·艺文志》记有"王希明丹元子步天歌一卷"，很可能他号为丹元子，步天歌星宫系继承了陈卓区分三家的作法，但是在原有基础上有了很大的发展，王希明根据当时实际使用情况，舍弃了许多原三家星，削弱三家星的作用，按三垣二十八宿星新规划了全天可见的星宫，更加方便和实用。

　　《东方亢宿》：四星恰以弯弓状，大角一星直上明，折威七子亢下横，大角左右摄提星，三三相对如鼎形，折成下左顿玩星，两个斜安黄色精，顽西二星号阳门，色若顿玩直下存。

《西方娄宿》：三星不匀近一头，左更右更乌夹娄，天包六个娄下头，天庾三星仓东脚，娄上十一将军侯。

郑樵在《通志·天文略》中认出《步天歌》"只传灵台，不传人间，术家秘之，名曰鬼料窍"，但由于它"句中有图，言下见象，或约或半，无余无失"，还是秘密地有所流传，所以有不同版本的《步天歌》留传于世，正因为如此，三垣二十八宿的星官体系得到普及。

星图进入日常装饰

隋唐时期的天文学发展很快，取得的成就也是喜人的，恒星观测体系的完善使得人们有更多的机会了解天上的恒星，同时也使得星图进入日常装饰。

星象知识的普及可以从敦煌藏经洞中发现的星图以及唐代和五代时期的墓室星图看出，现今知道的一些唐代墓室星图多为表意性的，属于唐代早期的李寿墓的星图有带三足鸟的日像与有瑶树玉兔的月像，分别绘予两端，中间有分叉的天河、天河两旁是缀满星点的星空背景；唐懿德太子及其妹永泰公主墓以及章怀太子墓室中也有类似的天象图，其用意不得而知，可能是为了使死者免于在永久的黑暗之中，让他们继续生活在有日月星三光照耀的环境之中吧，但是位处边陲的新疆阿斯塔那墓室星图，除日月以外周围还有二十八宿的形象，银河位于中央，这幅唐代的墓室星图虽然也是表意性的，但是星点已不是随意点上去的，二十八宿图案经艺术化处理显得十分齐整，然而各宿的形象仍很易辩认，可见当时星象知识的普及程度。此外，出土的唐代铜镜上也有

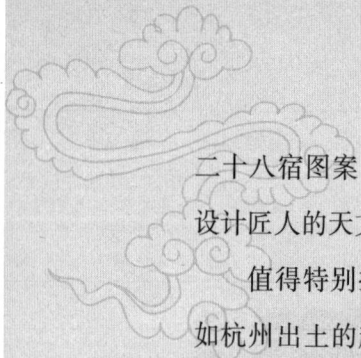

二十八宿图案，这是上层社会的日常用物，反映出工艺设计匠人的天文知识水平。

值得特别提出的是五代时期吴越国的墓室星图，例如杭州出土的越国文穆王钱元瓘墓内的石刻星图及其次妃吴汉月墓的石刻星图，这些图直径两米，图上二十八宿的位置是参照位置比较准确的星图底本刻出来的，看来这些星图含有比装饰更深的内涵。

窦权蒙研究潮汐

由于月球和太阳引力的作用，海洋水面发生周期性升降现象，这就是潮汐。在唐代，随着航海业的日渐发达，需要对潮汐涨落规律在观察和计算的基础上进行科学的总结，窦权蒙在这方面有突出的贡献。在其《海涛志》中，关于潮汐的周期性现象，他指出共有三种："一晦一明，再潮再汐"，"一朔一望，载盈载虚"以及"一春一秋，再涨再缩"，可以说已经正确阐明了正规半日潮的一般规律。第一种是指一日之内海水两涨两落，即有两次潮汐循环；第二种是指一个朔望月内，有两次大

唐孝贤墓天象图。唐孝贤墓后室墓顶的天象图画过两次：第一次在神龙二年，星辰皆用白色刷点；第二次在景云二年追赠太子后，在原来的图上分别用金、银箔及黄色重新贴画星辰。今金、银星辰有些已脱落，黄白两色大部分保存完好。

《商旅图》。唐代《商旅图》壁画，描绘了盛唐之世贸易流通的兴旺景象。

潮和两次小潮；最后一种指一回归年之内，也有两次大潮和两次小潮。窦权蒙还总结了在一回归年内阴历二月和八月出现大潮的规律。他基于潮汐运动和月球运动同步性的原则，曾计算得出潮汐周期为12时25分14.02秒。两个潮汐周期比一个太阴日就多50分28.4秒，即相当于0.8411208时。这个数字接近于现在计算的正规半日潮每日推迟50分或现在规定的一个太阴日和太阳日差值0.8412024时的值。

窦权蒙在《海涛志》中进一步阐明了潮汐的起因和月球运行的关系为"潮汐作涛，必符于月"，即潮汐盛衰有一定规律，具体来说，就是"盈于朔望，消以朏魄，虚于上下弦，息以朒朒，轮回辐次，周而复始"。

诗人刘禹锡论天

中唐时期，刘禹锡作《天论》，阐发其对"天"的认识，意在对柳宗元的《天说》作进一步的补充说明。

刘禹锡（772~842），中国唐代思想家、文学家，字梦得，洛阳人，祖上匈奴人，北魏时改称汉姓，居住洛阳。自称汉中山靖王刘胜的后代，唐贞元间进士。曾任京兆府渭南县主簿、监察御史等职。后因参与王叔文革新集团，失败被贬为郎州司马、连州刺史等职，晚年任太子宾客，加检校礼部尚书，世称刘宾客。

刘禹锡是唐代对于唯物主义学说作出比较重要贡献的思想家。他最杰出的思想贡献在于他独创了"天与人交相胜，还相用"的学说，刘禹锡所作《天论》上、中、下三篇补充柳宗元《天说》中提出"天人各不相预"的学说，并作进一步发展。

刘禹锡像。刘禹锡（772~842），唐文学家、哲学家，字梦得，洛阳（今属河南）人。生前与白居易齐名，人称"刘白"，名篇名句流传者不下百首。

首先，他区别了"天"与"人"，他认为"天"即自然，不论天的日月星"三光"和山川五行的根本，还是人的头目耳鼻和其内脏器官的根本，都是客观的物质存在，认为"自然说"是对的。

其次，他独创"天与人交相胜，还相用"学说。在他以前的唯物主义者多强调自然规律的普遍性和绝对性，而忽略抹煞社会生活的特殊性和人的自觉能动性，以致陷入宿命论或偶然论。他的战友柳宗元也只着重说明天是客观的自然存在和自身运动，提出天人各不相预学说，并未认识到人能认识自然规律并能对自然界产生能动的反作用。而刘禹锡坚决反对"天人感应"的天命论，并吸收荀子"制天命而用之"思想，创造性阐述天人关系。他认为天、人各有自己的特殊规律，自然界万物循以强胜弱的法则，而人类社会则以"是非"观念作为维护社会秩序的准则。并进一步指出自然的职能和作用是"生万物"，而人的职能和作用是"治万物"，"天之能，人固不能也；人之能，天亦有所不能也。"因此"天"与"人"互相制约、互相消长、交互争胜。

刘禹锡还进一步把"交相胜"和"还相用"视为世界万物发展的普遍规律，深刻认识到物质在运动过程中，不仅没有主宰的操纵，而且也绝非单纯的矛盾对抗，而是遵循客观规律，不断互相矛盾统一地向前发展。

其三，刘禹锡认为在社会关系上只要做到"法大行"，就能达到"人胜天"。他提出了以"法制"作为社会秩序的准则和判断是非的标准。人能胜"天",是因为"人"的是非战胜了"天"的强弱,而"人"之所以被天"胜",是因为人的社会政治状况"不幸",而不是"天"之作用。这样,刘禹锡就把"天"和"人"关系中的主要方面置于人,而且将人定胜天的思想进一步运用到了社会问题的分析上。

刘禹锡虽以封建的"是非"观、以封建宗法为社会秩序准则,然而他的"天与人交相胜"的学说,已初步揭示客观世界与人的既对立又联系的辩证关系,这一进步观点,在中国古代思想史上是很有价值的。

辽作星图

辽朝在辽太宗大同元年（947）攻灭后晋盾，"建国改号，号令法度，悉尊汉制"，在天文历法方面，也向汉族文化学习。从天禄元年（947）到统和十二年（994）辽朝采用晋马重绩编制的调元历，995年以后使用辽刺史贾俊的大明历，但实际上是祖冲之的大明历，可能有些改动。

契丹人信仰巫术，重视观察天象，并将天象与政事联系。辽代统治者在洗掠汴京时，便带回中原先进的天文仪器，这为辽代天文学的发展提供了极为便利的条件。1971年在河北省张家口市宣化区一座辽墓的发掘中，发现一幅辽代墓室星图。这幅彩绘星图呈圆形，直径为2.17米，采用极投影法绘制。中央为极，嵌有35厘米铜镜山面，镜周围绘有莲花，再外为二十八星宿，最外圈为黄道十二宫，显然是一幅表意性星图。十二宫知识来自西域，但明显地"辽化"，因为那双子和室女的人物衣着辽服；而中央的莲花又带着佛教色彩，由此可见这幅星图是辽代多民族文化融合的结晶之一，也可称为文明史上的一

个奇观。

　　1989 年张家口宣化另两座辽墓又各出土了一幅星图，与 1971 年发现的星图相比，大同小异，如二号墓星图加进了十二生肖，而且十二生肖皆作人形。这又证实了辽人喜欢将人事与天象相联系。在同一地区先后出土的三幅辽代星图，说明辽代天文学已达到很高的水平，堪称是中国天文史上的奇观。

辽行新历

大同元年（947），辽太宗北归辽土，带回了新历法，并开始流行。

后晋天福年间，掌管天象和历法制订事务的官员司天监马重绩进呈《乙未元历》，号《调元历》。后来辽太宗耶律德光灭晋，进入汴京，向以游牧为生的契丹人遂由此学到了许多精耕细作的农业生产技术和历象，上述《调元历》亦在其中。因中原各地反抗不断，契丹人

五代周文矩《琉璃堂人物图》（部分）。卷首有宋徽宗题"周文矩琉璃堂人物图神品工妙也"，下钤"内府图书之印"，幅内无名款。赵佶瘦金书及"内府"大印皆伪，此卷应是原作割裂之前所摹，时当在宋代。

南唐徐氏墓志（十二生肖）。南唐徐氏墓志，1971年出土于江苏省南通古墓中。墓志刻于南唐大保年间。志盖顶部刻日、月、华盖（杠）和勾陈星宿、八卦，中刻十二生肖图形。十二生肖的次序与现今使用的完全相同。目前发现的十二生肖文物中，这是较为完整的一处。

无法立足，辽太宗决定北归辽土。于是，中原先进的科学知识、历法天象等也被带到了辽中京（辽宁宁城西）一带，并逐渐在全国传播。这时，辽国开始有了历法。该法即《调元历》，由司天王白等所进。

宋制浑仪

宋代，天文仪器浑仪的制造达到数量多、水平高的程度。

现在我们所能目睹的宋代浑仪是明代钦天监依照宋代浑仪古制由皇甫仲和等人仿制的。整个浑仪气势庄严凝重。仪器下部是四条昂首向天的铜龙托起整个仪器。仪器上部，圆环相套，浑然一体。圆环上有精密的刻度，轴承联接，使里面的四游仪和三辰仪可在固定于外的六合仪内自由旋转，通过望筒所指，记下恒星在天穹上的位置。它将浑天说的精髓凝聚于上，十分形象而具体地表达了天球观念，并且是极为实用而耐久的天文测量仪器。与测量浑仪配合使用的仪器是转动浑象，宋代也有很高水平的作品。例如太宗太平兴国四年（979）正月，司天监学生张思训创制一台漏水转浑象，高达一

天文仪器

丈多，用水银作动力，一方面因水银比重大，可使动力
水车上的戽斗减少体积；另一方面因水银冬日不凝冻涩
滞，又使仪器冬夏运行一致，减小了误差。据《宋史》记载，
它是再现张衡古仪的成功之作。民间天文学家张思训自
是晋升为司天浑仪丞。另一名民间天文仪器制造家韩显
符，于宋太宗至道元年（995）年底也制成一座供测量使
用的铜浑仪，他因此升任司天秋官。1010 年，他又造出
一台教学用的浑仪，并改任司天冬官正。

宋制浑仪有两个显著特点：第一是制造的数量多，
第二个重要特点是水平高，技术进步，改进和更新多。
这一特点是中国古代天文仪器制造达到高峰的标志。例
如 1051 年制成的皇祐浑仪就不再把时间刻在地平环上而
是刻在固定的赤道环上，不仅反映出宋人已认识到天体
东升西落的运动所反映的时间变化在赤道上，而且浑仪
成了也能检验刻漏是否准确的测时仪器。宋制浑仪都不
置白道环，一方面反映出计算技术的进步，能从月亮的
赤道度数或黄道度数推算出白道度数，另一方面简化了
仪器结构，减少了环多遮挡之累，这些都是十分出色的
革新。

浑仪是从天文学角度表现中华文明特征的最具代表
性的天文仪器。宋代浑仪更是古代天文测观仪器的园圃
中一朵灿烂的奇葩。

张君房算潮汐

宋代《卖眼药》图，表现了剧目演出时的场景。

张君房在祥符（1008~1016）中，经常到海边观察潮汐起落。他发现唐代窦叔蒙制定的《涛时图》有很多不当之处，有必要加以改正。原窦叔蒙的图表横坐标是依次罗列：朔、上弦、望、下弦、晦等各种月相，张君房将之"分宫布度"，即以黄道十二宫为准，把横坐标改变为以月亮在黄道上的视运动度数。窦氏图上的纵坐标是用子、丑等十二时辰表示，再分出初、正、末三小段时间，如初子、正子、末子等，张君房则改为"著辰定刻"，即把每天分为100刻，从36个时刻点扩大为100个时刻点，这就把时辰划分得更为详细。张君房推算出潮时每天推迟"三刻三十六分三秘忽"，即3.363刻。如果计算出一次潮时，下一次潮时就准确地知道了。

潮汐理论的进步，对沿海居民出航、捕鱼、生产、生活以及抵御自然灾害都起到了积极作用。

邵雍创立先天象数学论

1077 年，邵雍去世。

中国北宋哲学家邵雍 (1011~1077) 第一次把象数学、方法论与理学相融合，创立了别具一格的先天象数学。

邵雍，字尧夫，谥康节，祖籍河北范阳 (今河北涿县)，幼年随父迁居共城 (今河南辉县)，隐居于苏门山百源之上，潜心学问，共城县令李之才曾授以"物理性命之学"，即《周易》象数之学，邵雍勤奋探索，专心致志地从事学术研究，以先天象数学著称于世，著作有《皇极经世》、《渔樵问对》、《伊川击壤集》等。他以《皇极经世》来构建其象数学体系，以概括自然、社会、人生等宇宙间的一切，并用他的象数理论来探求、推论天地万物的本原和生成演变及人世之治乱。

邵雍把"数"看作是决定事物本质的东西，把象数系统看成是最高法则。他认为宇宙的本原是太极，太极生出天地，天生于动，地生于静，动之始生阳，动之极生阴，阴阳

邵雍像

交互作用，形成日月星辰，静之始生刚，静之极生柔，刚柔交互作用形成水火土石。这就是说天地生于动静，天生阴阳，地分刚柔。阴阳刚柔谓之四象。由于日月星辰水火土石八者的错综变化，即产生宇宙万物。太极为道、一、心、神，其实质就是精神本体，因而他的哲学思想属于客观唯心主义思想体系。

邵雍认为天地万物的生成变化是按照"先天象数"的图式展开的。其生成演化过程则为：道生一，一生太极，一生二，二为两仪；二生四，四为四象，四生八，八为八卦……直至无穷。他把先天象数归之于心，"先天象数，心也。"他所说的心即个人的心，也是宇宙的心。万物具有声色气味的特性，人的耳目口鼻具有接受声色气味的功能，人之所以灵于万物，最根本的原因是人能知天地万物之理。邵雍所揭示的宇宙万物的演变过程，是主观臆造的，他虽也讲事物的演变运动，有辩证合理的因素，但他所说的演变过程，是按一个所谓"加一倍法"的机械公式展开的，因而不可能真正揭示宇宙万物复杂演化的客观过程的规律。

邵雍还应用他的象数理论，拟构了一个人类社会发展的循环模式。他把天地从始至终的过程区分为元、会、运、世，以此为宇宙历史的周期，一元十二会，一会三十运，一运十二世，一世三十年。一元实际就是一年的放大，共十二万九千六百年。邵雍断定，世界的历史以此为周期，由兴盛到衰亡，周而复始，循环不已。天形成于元的子会，地形成于丑会，人产生于寅会。人类历史第六会巳会，即唐尧之世，达到兴盛的顶峰，从午会开始，便由盛转衰，这就夏、商、周到宋的历史发展时期。到了亥会即第二十会，天地归终，万物灭绝，另一元，即另一周期又将开始。在一个周期内，历史是走下坡路的，由尧到宋，经"皇、帝、王、霸"四个阶段，一代不如一代。可见邵雍是位悲观的历史循环论者，他虽承认天地自然和人类历史都有其发展规律，都经过发生、发展和灭亡的过程，具有一定的科学性，但他在总结这一历史发展规律时，却以先天象数为根据，因而他的历史观具有神秘色彩和宿命论的特点。

邵雍与周敦颐、张载、程颢、程颐并称为"北宋五子"，对北宋理学的形成和初步发展作出了重大贡献。他的象数学虽是主观臆造的，但却反映出当时学术思想界的理学家们的一个积极愿望，希图通过象数理论来探求宇宙万物的背后有无本体的问题，以求回答宇宙万物的生成本原及其关系。

张载建立完整宇宙论

张横渠

张载像

熙宁年间，哲学家张载在关中地区讲学，建立以气为本体的宇宙论，奠定了宋明理学的理论基础。

张载 (1020~1077)，字子厚，祖籍大梁 (今河南开封)，后随父迁到陕西凤翔郿县横渠镇，人称横渠先生，他的学派称为"关学"。张载少年时喜读兵书，也曾出入佛老之学，后来专奉儒学。他以《易》为宗，以《中庸》为本，以孔孟为法，苦心探究儒家经典，经过多年的思考，形成了他自己的思想体系。张载的思想集中体现在《正蒙》一书中，蒙即蒙昧未明，正即订正，正蒙意即从蒙童起就加以培养。张载著此书的目的是用儒家学说批驳释、道思想，为此他吸收《易》的辩证法思想和中国古代气一元论的哲学观念，创立气一元论的哲学，由此建立了完整的宇宙论。

张载把气作为宇宙的本体，广大无形的虚空 (太虚)

是气散而未聚的原始状态。道只是气化过程中表现出来的一些规律。一切具体事物都是由太虚之气凝聚而成。气聚而成万物，气散而归太虚，气有聚散而无生无，太虚与万物都是气的不同形态。在此基础上，张载提出"太虚即气"的命题，驳斥佛、道两家的虚无主义思想，他还用冰与水的关系比喻太虚与气的关系，以此批驳道家"有生于无"的观点和佛道"一切唯心造"的学说。即确立了气的本体地位，张载又用"一物两体"的辩证学说阐明宇宙万物的生无变化过程。他认为气本身包含有相互吸引、相互排斥的两个方面，由气构成的具体事物都是阴阳两个对立面的统一体。"一物两体"包含着对立与统一的辩证关系，张载用"一故神"、"两故化"来解释这种关系：在统一体中才有阴阳相感的变化之机，只有阴阳相感才能促使统一体发生变化。张载所描述的是一个生生不息、变动不居的宇宙，气是宇宙万物统一的本体。

由气一元论的宇宙观出发，张载提出了人性论和认识论，并且形成了以宇宙论为基础的道德学说，这些学说构成了一个完整的宇宙论体系。张载从宇宙论出发说明人性，认为人同物样都是气聚而成，气的本来状态构成人的"天地之性"，它纯一至善；同时，人禀受阴阳之气生成，又有驳杂不纯的"气质之性"，构成不善的根源。"天地之性"与"气质之性"并存于人，所以人们应该通过道德培养，保存"天地之性"，克服各种欲望，以改变气质，达到民胞物与的境界。与"天地之性"和"气质之性"相应，张载提出了"德性之知"与"见闻之知"的区别。他认为除了以感官经验为基础的"见闻之知"外，还有一种超过感性认识的更高层次的"德性之知"。德性所知不依赖于感觉经验，它凭借道德修养而能穷神知化，与天为一。可见，他把认识论与道德修养紧密结合，人生的至高境界也要靠道德修养来体证。很明显地与佛、道思想划清了界限。

张载是有宋以来第一个从理论高度全面辟佛、道的儒家学者，他的思想体系是宋明理学发展的雏形，对程朱理学的建立有很大影响。张载所创立的"关学"是理学开创阶段的一个主要学派，曾一度与"新学"、"洛学"鼎足而立。"关学"学者学贵致用，反对空谈，大都有治国于天下的抱负，对南宋的事功学颇有影响。

张载死后，"关学"分化，到南宋时，这一学派已不存在。"关学"学者的著作今存有张载的《正蒙》、《横渠易说》、《经学理窟》等，吕大均的《吕大乡约》、吕大临的《中庸解》、张舜民的《画墁集》以及李复《橘水集》等。

苏颂制造天文仪器

苏颂（1020~1101），中国宋代著名的天文学家，字子容，福建泉州南安人。他主持制作水运仪象台并撰写设计说明书《新仪象法要》，书中收录其绘制的中国历史上最重要的星图之———全天星图，他还改造了天象仪的鼻祖——假天仪，反映中国古代天文学高峰时期的杰出成就。

苏颂从小就熟读四书五经，22岁中进士入仕途，终身从政，担任过馆阁校勘、集贤校理、刑部尚书、吏部尚书及宰相。元佑元年（1086）他奉命校验新旧浑仪，在吏部守当官韩公廉的帮助下，于元佑七年（1092）集合一批工人制造出一座把浑仪、浑象和报时装置三组器件合在一起的高台建筑，整个仪器用水力推动运转，经变速和传动装置使三部分仪器联动，浑仪和浑象可自动跟踪天体，又能自动报时，后称水运仪象台。仪器共分三层，约高12米、宽7米，上狭下宽，底层是全台的动力机构和报时钟，中层密室内旋转着浑象，上层是屋顶可启闭的放置铜浑仪的观察室。这是当时世界上最高水平的天文仪器，对世界天

水运仪象台复制品，西方学者把这座小型天文台看成是中世纪天文钟的祖先。

文学的发展起过举足轻重的推动作用。它是世界上最早出现的融测时、守时和报时为一体的综合性授时天文台，是保留有最早详细资料的天文钟，可能是欧洲中世纪天文钟的祖先，而水运仪象台上层的铜浑仪是典型的赤道装置，代替望远镜的是一根望铜，这一发明比英国威廉·拉塞尔和德国夫朗和费在望远镜上使用转仪钟早了8个世纪。它也是世界上首次采用活动天窗观测室的仪器，现代天文台观测室的天窗都活动启闭，既方便观测又便于保护仪器，水运仪象台上层放铜浑仪的小屋，其屋顶就可开合。它是世界文明史上无与伦比的一颗明珠。

苏颂为能更直观理解星宿的出没，又提出设计一种"人在天里"观天演示仪器，即假天仪，它是用竹木制成，形如球状竹笼，外面糊纸，按天上星的位置在纸上开孔，人在黑暗的球体里透过小孔的自然光，好象夜幕下仰望天空。人悬坐球内扳动枢轴，转动球体，就可以设身处地地观察到星宿的出没运行。而近代的天象仪是通过小孔发光射到半球形天幕上来演示星空的，因而假天仪是近代天文馆中使用天象仪进行星空演示的先驱。

宋进行大规模天文测绘

　　北宋时期，政府极为重视天文测绘。天文测量仪器的进步，计时仪器的革新，为大规模天文测绘创造了物质条件，而精确占星术和制定新历法的要求又成为天文测绘的内在动力。因此，北宋一代，空前大规模的天文测绘，至少作过7次，即太平兴国年间（976~984）测二十八宿距度；大中祥符三年（1010）测外官星位置景祐年间（1034~1038）测二十八宿距度及周天恒星皇祐年间（1049~1054）重测；元丰年间（1078–1085）重测；绍圣二年（1095）测二十八宿距度；崇宁年间（1102~1106）重测二十八宿距度。

　　太平兴国年间的测绘由北宋著名天文学家韩显符主持。他在测外官星位时不是像历史上诸家测量星与二十八宿距星之间的角距，而是测量星与当时冬至点之间的角距。这个测量值与现代星表中所用的坐标量——赤经是相近的，其间仅有计量原点相关90°的区别，这在恒星位置测量上是一个很大的进步。

　　宋代前几次测量多与星占有关。景祐初宋仁宗下令

北宋瑞禽浮雕，类似孔雀开屏，装饰性很强。

编纂一本星占书《景祐乾象新书》，需要测量周天星座去极入宿度，以便将占语与星官实际位置相联系。这次测绘由韩显符的授业弟子杨惟德主持，因所用仪器较简陋，安装误差较大，而且测绘目的对测绘结果要求不高，所得结果不甚精确。

为求详尽可靠，皇祐年间又作了大规模的天文测绘。这次使用仪器精确，配合圭表和改进漏刻使测量精度大为提高，可惜测量成果并未使用于编算历法，但保留下来的皇祐星表是认证星官、研究宋代浑仪的重要资料，它是古代星数最多的星表之一。最值得称道的要算崇宁年间姚舜辅等人的测量，因为这是服务于编算新历法而作的观测，精确的实测使《纪元历》成为一部优秀历法。这也是7次测绘之中最为精确的测量，二十八宿距度的误差绝对值平均只是0.15°。

宋代的天文测绘次数多，精度高，是中国古代天文学史上的一件大事，是天文测绘史上的里程碑，是沟通古今、对照中西星名的桥梁。

宋流行观世音塑像

观世音菩萨以其大慈大悲救苦救难而受到中国信众的普遍供祀，特别是在北宋，其时帝王对佛教优礼甚厚，影响到民间，信仰观世音菩萨蔚为一时风尚，突出的标志是观世音塑像的大量流行。

开宝四年（971），宋太祖赵匡胤下诏在隆兴寺内兴建大悲阁，并铸大悲菩萨千手千眼观世音铜像。像成前后，宋皇曾三度临幸视察，足见皇室对佛教的崇信程度。由于帝王的提倡，朝野上下信仰大悲观世音渐成风俗，各地争相造观世音塑像，或塑或雕，不一而足。在陕北、四川、浙江等地的宋代石窟造像遗迹中，或者单独开龛供养，或者雕作不同名称的观音化相，于佛像之外自成体系。当时有像辛澄这样以画观音像知名一方的画家名手，经他所传的"海州

山西大同送子观音雕像。民间认为观音菩萨主宰生育。

观音样"曾在四川广为流传。

现存的宋代观世音塑像遗迹甚多，都有各自的姿态和特色。如四川安岳华严洞左壁观音像，取跏趺坐姿，手作定印，头戴宝冠，外罩薄纱，双目微合，端庄娴雅，神态雕刻细腻生动。浙江杭州烟霞洞观音像头戴高冠，外着风帽，袈裟罩体，项饰七宝璎珞，双手交置腹前，表情慈祥恬静，形象间溶入了中国信众对观世音菩萨悲天悯人神性的理解和企盼。大足托山石窟125龛数珠手观音为北宋年间开龛雕造，形象娇媚柔丽，含笑欲语，有"媚态观音"美称。北山113龛水月观音，取萧散悠闲的姿态。这种水月体的观音像，首创于唐代画家周昉，五代北宋时期在石窟造像中首次出现水月之体，稍后又出现水月样式的紫竹观音，如雕造于南宋的四川安岳塔子山毗卢洞紫竹观音，背间刻出竹丛巉岩，极富雕饰意味，面容表情已出现世俗人特质，从而使水月观音样式更显出世俗化特征。大足北山149号窟如意轮观自在菩萨像，改变唐以来一体六臂的形式而作一面二臂，与另外两尊观音像同臂雕出，并在三像左右两侧分别刻出男女供养人像。据窟内题记可知，这窟观音像是北宋建炎二年（1128）

宋代菩萨立像（铜铸鎏金）

宋代菩萨骑麒像（彩塑）

奉直大夫知军州事任宗易夫妇发愿雕造，由此可知当时信奉观音之风的兴盛。另外，宋代还镌造有观音菩萨多体像，如大足妙高山第4窟正壁雕刻西方三圣像，左右两壁共有观音立像十躯，手中分持不同法器作对称排列，左壁观音着对襟式天衣，右臂观音穿圆领方口天衣，下着长裙，风姿绰约，宛如人间美女。据造像风格观之，当为南宋绍兴年间雕造，为观音像体系的最终定型作了图样上的有益尝试，也为其他菩萨像的创造和完善提供了可资参考的经验。

此外，北宋出现了过去所罕见的以观音为中尊，配以文殊、普贤两位菩萨三位一体的组合形式，这是入宋以来观音信仰在民间流行之后逐渐发展起来的新样式，如隆兴寺大悲阁内的观音塑壁展现的就是这种形式。还有元丰二年（1079）兴建的山西长子县崇庆寺三大士像，观音菩萨地位显尊，体现出宋代民间普遍信仰观世音菩萨的空前盛况。

宋代观音像的流行，以及当时观音供祀的风气，反映了由唐迄宋信仰风气的转变。

中国创造火箭

火箭起源于中国，是中国古代重大发明之一，是一种依靠自身向后喷射火药燃气的反作用力飞向目标的兵器。宋代火箭广泛应用于军事，被称为"军中利器"。

火箭一词，最早见于《三国志·魏明帝纪》注引《魏略》，魏明帝太和二年（228），诸葛亮出兵攻打陈仓（今陕西宝鸡市东），魏守将赫昭"以火箭逆射其云梯，梯然，梯上人皆烧死"。但那时的火箭，只是在箭杆靠近箭头处绑缚浸满油脂的麻布等易燃物，点燃后用弓弩发射出去，用来纵火。火药发明后，上述易燃物由燃烧性能更好的火药所取代，出现了火药箭。北宋时期已大量生产火药，并用来制造火器，主要有弓火药箭、弩火药箭、霹雳炮。北宋后期，民间流行的能高飞的"流星"（或称起火）属于用来玩赏的火箭，南宋时期，产生了最早的军用火箭。当时的火箭是在普通的箭杆上绑一个火药筒，发射时用引线点燃火药，火药燃气从尾部喷出，产生反作用力推动火箭前进，它以火药筒作发动机，以箭杆作箭身，用翎和箭尾上的配重铁块稳定飞行方向。

宋代军队配备的火箭，将火药筒缚在箭支前部，由火药燃烧产生的后推动力发射。

其构造虽简单，但组成部分却很完整，是现代火箭的雏形。当时有些称"雷"或"炮"的武器，如南宋绍兴三十一年（1161），宋金采石之战所用的带着火光升空的"霹雳炮"实际上就是一种火箭。火箭的火药筒制造简单，用多层油纸、麻布等做成筒状，筒内装满火药，前端封死，后端留有小孔，从中引出火线，这与现代火箭制造原理十分相似。火箭的战斗部就是一般的箭头，或代之以刀、矛、剑，强者可射穿铠甲，射程可达五百步（约775米），有时在箭头上涂缚毒药来增强杀伤效果。火箭战斗部从用冷兵器实施个体杀伤，发展到用火药作群体杀伤和破阵攻城，是火箭武器杀伤威力的重大推进。火箭技术迅速提高，发展成种类繁多的火箭武器，广泛应用于战场。许多中外文献对中国古代火箭均有记述，尤以明朝焦玉撰《火龙神器阵法》和茅元纹撰《武备志》最为详尽，对各种火箭的制作、使用和维修方法、火药配方和用量，及飞行和杀伤性能等均有记载，并有大量附图。

宋代火箭技术的发展，不仅为中国古代战争提供了先进武器，而且具有重大的科学价值，是我国对世界文明的一项特殊贡献。

黄裳编《天文图》

宋绍熙元年（1190），南宋著名天文学家黄裳进献天文、地理等八图。黄裳（1147~1195），字文叔，曾担任皇子嘉王赵扩的教师翊善（助理教师）。1195年赵扩登基，黄裳被任命为礼部尚书。现存苏州文庙的石刻天文图就是当时黄裳进献的八图之一。

苏州石刻天文图碑高2.16米，宽1.08米。上部圆形星图外圈直径91.5厘米，下部是名为天文图的碑文。

全图共有1431颗星，把它与敦煌星图、五代吴越钱元墓石刻星图、北魏及唐代一些墓室星图相比较，可以看出苏州石刻天文图的发展脉络和它的创新之处。它将中原地区可见星空浓缩于一图，更为简练，尽管采用的是中国传统的盖图法，赤道以外星官形状有较大的变形，但用一图而览全天，十分清晰，它比五代星图的星数多了很多，比唐代

苏州天文图碑

墓室星图随意点绘有无可比拟的先进性，它的星位准确，采用极投影绘法，把银河，甚至它的分叉都画了出来，形象美观，也符合实际天象。特别值得指出的是，图中二十八宿数据、恒星坐标均取自元丰年间的测量，图上266颗星的位置均方误差仅为 ±1.5°，证明它是一份科学的星图。它实在是中华文明的一个瑰宝，是公元12世纪世界上独一无二的科学的石刻星图。

黄裳进献的天文图是世界上现存星数最多，时间最早的古代时刻星图，它反映了截止到宋代的天文学成就和中国传统的天文学体系特征，因而用来作天文教具非常直观。它星数多、星位准，清楚地显示了三垣二十宿的划分，同时将星占的分野以及十二次和十二辰划分边明确标出，所以能用于传统天文学教学。这从一个侧面反映了宋代天文学教育思想和教学方法的进步。

登封观星台建成

　　元朝初年（距今约 700 年），位于今河南省登封县城东南 15 公里的告城镇北（东经 113° 08′ 30″ 6±31′ 5，北纬 34° 24′ 16″ 9±1.3″）的登封观星台建成。

　　中国很早就有天文观测台，历代史书对此多有记载。在元登封台建成前，中国历代许多天文学家曾在此观测天文。《周礼》载有周公在此"正日景"（"景"通"影"）。今观星台南 20 米处，尚存唐开元十一年（723）天文官南宫说刻立的纪念石表一座，刻有"周公测景台"五字。

　　观星台为砖石混合建筑结构，由盘旋踏道环绕的台体和自台北壁凹槽内向北平铺的石圭两个部分组成。台体四壁用水磨砖砌

登封观星台

成，呈方形覆斗状。台统高12.62米，其中台主体高9.46米，台顶小室高3.16米。此小室为明嘉靖七年（1528）修葺时所建。台四壁明显向中心内倾，其收分比例表现出中国早期建筑的特征。台下北壁设有对称的两个踏道口，人们可以由此登临台顶。踏道以石条筑成，四隅各有水道小孔，用以导泄台顶和踏道上的雨水，水道出水口雕成石龙头状。石圭又称"量天尺"，用来度量日影长短。它的表面用36方青石板接建平铺而成，下部为砖砌基座。石圭长31.196米，宽0.53米，南端高0.56米，北端高0.62米。石圭居子午方向，圭面刻有两股水道。水道南端有注水池，北端有泄水池。

《元史》载天文学家郭守敬曾对古代的圭表进行改革，新创比传统"八尺之表"高出5倍的高表。登封台的直壁和石圭可以印证《元史》所载，且为目前仅存的实物例证。所不同者，观星台以砖砌凹槽直壁代替了铜表。通过实测，证明观星台的测量误差相当于太阳天顶距误差1/3角分。另据史料记载，观星台上曾有滴水壶，并在此观测北极星。由此可推知登封观星台是一座具有测影、观星和记时等多种功能的天文台。

登封观星台是中国现存最早的天文台，也是世界上重要的天文古迹。它的建成，对中国古代天文学作出了贡献，在中国古代天文学发展史上具有重要意义。

杨辉、丁易东作幻方幻圆

元代的数学基本上是宋、金数学的继续。这一时期的数学家创造出许多杰出的成就，其中包括杨辉、丁易东的幻方幻圆。

幻方古称纵横图，纵横图之名始创于南宋数学家杨辉。宋人研究"易数"，十分重视古称河图、洛书的两个数字阵，并进而探求具有类似性质的其他数字阵，而洛书就是 3 阶幻方。杨辉在其《续古摘奇算法》中给出了洛书之外的 12 个幻方和一些幻圆（具有与幻方类似性质的圆形数字阵），开后世纵横图数学研究的先河。

丁易东生活于宋末元初，略晚于杨辉。其《大衍索隐》是研究易数的专著，由河图、洛书推衍出多种数字阵，其中有 11 种为幻方或幻圆，多数给出或揭示了构造方法。他的"洛书四十九位得大衍五十数图"为一幻圆，中心对称的任选两数之和均为 50，同一圆周上 8 数之和为 200，加中位 225，同一直径上的 13 数之和为 325。他的"九宫八卦综成七十二数合洛书图"衍九宫为十三宫，每组 8 数之和均为 292，纵、横、斜每三宫之数的和均为 876，纵横相邻的两行 12 数之和均为 438。他还给出了一个与杨辉"九九图"相同的 9 阶幻方。他们的工作可能是各自独立完成的。

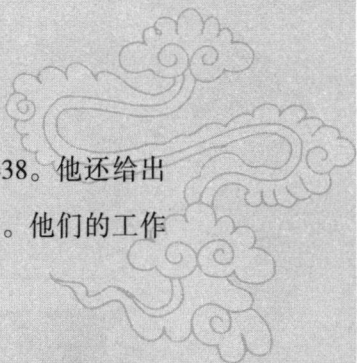

郭守敬主持大都天文台

　　郭守敬（1231～1316），字若思，顺德邢台（今河北邢台市）人，是元代著名的天文学家、仪器制造家、数学家和水利专家。至元十六年（1279），他奉命主持大都天文台工作。至元十三年（1276），元世祖忽必烈诏命改治新历，命王恂、郭守敬率领南北日官多人负责测验和推算，并命能推明历理的许衡负责这项工作。郭守敬认为："历之本在于测验，而测验之器莫先仪表。"此言得到大家的赞同。于是他们首先去位于大都城南原金中都的候台去考察，发现金代从宋都汴梁掠来的天文仪器多有误差不可用，于是将这些宋代古仪移置他处而研制了许多新的天文仪器。

　　至元十六年（1279）春，朝廷在大都东城墙开始兴建大都司天台。据有关文献记载，可知这是一个规模很大的天文台。当时太史院墙长约123米，宽约92米，院内建有一座高达7丈分3层的天文台。第一层南屋是

郭守敬像

太史令等天文台负责人的办公室，向东的
房间是负责推算的工作人员，向西的房间
是负责观测和计时的工作人员，向北的房
间为仪器储藏室及管理人员。仅推算、测
验、漏刻三局就有 70 个工作人员。第二层
按离、巽、坤、震、兑、坎、乾、艮八方
分成 8 个房间。它们分别是观测准备室、
图书资料室、天球仪和星图室、漏壶计时
室、日月行星室、恒星室等专业工作室。
最上一层为观测台，北有简仪，中有仰仪，

郭守敬发明的仰仪

西有圭表，东有玲珑仪，南边是印历工作局、堂、神厨
和算学的建筑。

从以上介绍可以看出，元大都司天台规模宏大，人
员众多，组织严密，设备齐全，是当时世界上最完善的
天文台之一，也是中国历史上功能最好的天文台之一。

大都天文台不仅以其规模和功能设计冠绝一时，更
令人注目的是该台拥有的观测仪器，都是当时世界上极
先进的，在天文学发展史上也占有极重要的地位。

首先要提到的是郭守敬所创制的简仪，它是对传统
浑仪进行重大革新并应用了许多新发明后制成的天文仪
器。它是世界上第一台用一高一低两个支架支撑起极轴
的赤道仪，也是世界上第一台集测赤道坐标和地平坐标
于一仪的多功能综合测量仪，开创了在仪器上同时设置

郭守敬设计的简仪

使用附加设备的先河，并一改传统的圆周分割法，将一圆周分成 3600 分，使刻度与读数更加精确和方便。此外，该仪也是世界上首次采用滚柱轴承的机械。

列在第二位的天文仪器是仰仪，它是中国和世界上首次出现的一种新型仪器，可从仪器上读出太阳的去极度、时角和地方真太阳时，特别是发生日食时，日食全过程以及各阶段的位置和时刻，均可连续记录下来。仰仪解决了以前观测太阳时观测者光芒刺眼的苦恼，使仰视观测变为俯视观测，它是世界上第一架太阳投影的观测仪。

此外还有玲珑仪，但《元史》对此记载很少。学者们持有两种不同的观点，一种认为是浑仪，另一种意见认为是假天仪。从相关记载及学者考证看，玲珑仪是浑仪的可能性较大。

大都司天台上的主要观测仪器除上述 3 种外，还有位于台西的高表。至于浑象、漏刻等仪器则放在第二层台上。这种将仪器放在台顶，演示及辅助仪器置于台下的布置，与今日天文台类似，是非常科学的布局。《元史》记载，郭守敬为该台设计制作的仪器有 13 件。该台建成之际，郭守敬还向忽必烈奏呈仪表式样。

明代继承回回天文学

元代初期曾设有回回司天监、回回司天台，并颁行过回回历法。洪武初，明军进入元大都时，获得了一大批遗留的回回历法著作，受到明太祖朱元璋的重视，从而对回回天文学成就展开翻译、研究并加以继承。

当面对数十百册回回天文学著作而无人能解时，于洪武元年（1368）设置回回司天监，与由太史院改名的司天监并行。诏征元太史院使张祐、元回回司天太监黑的儿等14人，并寻召元回回司天台官郑阿里等11人到京城议论有关回回历的事。朱元璋又让他们聘请了西域精通阿拉伯天文学的专家马德鲁丁为回回司天监监正。洪武三年（1370）改司天监为钦天监。

马德鲁丁带来了他的3个儿子。长子马沙亦黑，字仲德。接任回回钦天监监正，明太祖赐配其第十三公主。马沙亦黑的主要功绩是编译回回历法。回回历法包括太阴历、太阳历、日月五星行度推算和日月交食预报等4个部分，其中后两部分尤为重要。它虽为回回历法，却是结合中国情况编译而成的，是了解阿拉伯天文学的重要参考文献。

马哈麻，字仲良，是马德鲁丁的次子，1371年起任钦天监监副，文材郎，曾奉明太祖朱元璋之命，成为《明译天文书》的主要译者，该书是阿拔斯王朝的阔识牙儿于991年前后所著的一部星占书，原书名《占星术及（天文学）原则导引》，译名有《天文书》、《乾方秘方》和《天文象宗西占》等。《明译天文书》不仅讲述了回回占星术的内容，作占方法，也介绍了不少中国人所不熟悉的阿拉伯天文知识，例如其中有20个阿拉伯星座名称和30颗星的星等和黄经。该书译成后，明太祖朱元璋称赏它不仅有补于今世，而且将会对后世产生重要的影响。

由于明朝对学习天文学的厉禁和回回历非正统等诸多原因，奉敕翻译的《回回历书》和《明译天文书》都没有被广为传播或研究，但却保存了一些珍贵的阿拉伯天文学资料。

万虎尝试火箭飞行

14世纪末，万虎作火箭载人飞行的最初尝试。

明代以前的火箭，作为轻火器，基本上都用弓弩发射。到了明初，发明了以火药为动力的火箭，直接利用

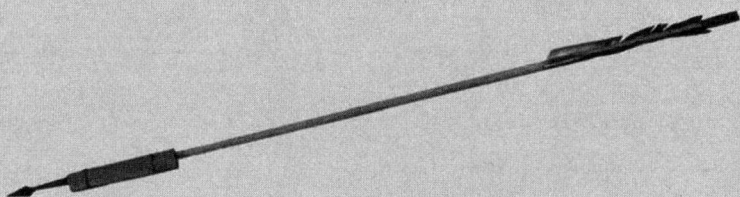

明火箭。在箭杆前端缚火药筒，利用火药反作用力把箭发射出去。这是世界上最早的喷射火器。

明火龙出水。长153厘米，颈部直径20厘米，尾宽32.5厘米，这是世界上最早的二级箭。用竹筒做成龙形，龙的两侧各扎火药筒，点燃后，将龙身推动飞行，这是第一级。在龙腹中装有火箭，待龙飞入敌阵时，腹中的火箭被点燃，从龙口中发射出去以命中敌方，为第二级。因为从船上发射，故称"火龙出水"。

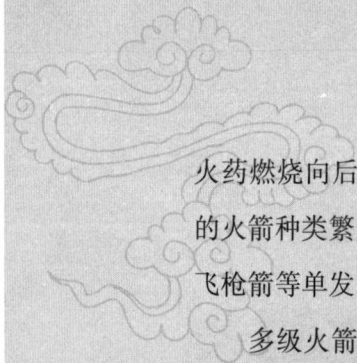

火药燃烧向后喷射气体的反作用力进行发射，明代发明的火箭种类繁多，有单级和多级火箭，单级火箭有飞刀箭、飞枪箭等单发和一窝蜂、百虎齐奔箭等多发箭。

多级火箭是中国古代的重大发明，有两个或两上以上的推送药筒。如"火龙出水"，它是用毛竹制成的龙形多级火箭，龙腹内装火箭数支，龙头、龙尾各装两火箭筒，头尾四箭同时点燃推动火龙前进，待药力尽失时，龙腹内的箭开始燃烧工作，由龙口飞出继续向前，飞向目标，引燃目标。飞空砂筒则是一种能飞出去又能飞回来的火箭。

在火箭种类繁多、广泛运用的基础上，万虎设想用火箭载人飞行，他在一把坐椅的背后装上47个当时最大的火箭，并把自己捆在椅子前边，两手各拿着一个大风筝，然后令仆人同时把这些火箭点燃，以借助火箭向前推动的力量加上风筝的上升力量飞向天空。这次试验没有成功，但万虎被公认为世界上最早试图利用火箭来飞行的人。万虎尝试火箭飞行，为后人研制飞行器提供了重要的参考资料。

中国宗法祭祀体系基本完成

中国传统的宗法性民族宗教的完全成熟和周备是在明代完成的，明代修定宗法宗教祀典同它对整个礼乐典制的因革充实连在一起，具体说来，有三次的修改和变更。

第一次是明代初期朱元璋在位之时，明太祖统一天下不久即开设礼乐二局，广征耆儒，分项研讨，洪武元年命中书省及翰林院、太常司，定拟祀典。于是总结以往祀典的历史沿革，酌定郊社宗庙之制，礼官与儒臣又编集郊庙山川仪注和古帝王祭祀感格可垂鉴者，名曰《存心录》。洪武二年，诏儒臣修礼书。第二年写成《大明集礼》。明太祖又屡次敕命礼臣编修礼书，并于在位30余年中，亲撰礼制礼法之书10余种，与前代相比，一个重要变化便是，将天皇、太乙、六天、五帝之类，尽行革除，并将历代加封诸神之称号一概免去，恢复其本来称呼，同时又诏定国恤，父母之丧并服斩衰，长子之丧降为期年，正服旁服以递而杀，史称"斟酌古今，盖得其中"。

第二次是在永乐年间，京城从南京迁到北京，大规模兴建皇宫紫禁城，接着兴建太庙与社稷坛，又兴建了天坛、先农坛（时称山川坛）等宗教祭坛，其坛制规格大致仿效洪武南京之定制，但在建筑质量与样式上则大有改进。

第三次是在世宗嘉靖年间，嘉靖皇帝热心于议大礼，以制礼作乐自任，其变更较大者有：分祀天地，复朝日夕月于东西郊，罢二祖并配以及祈告火雩，享先蚕，祭圣师，易至圣先师号，其最甚者尊其父兴献王朱祐杬为皇帝，其神主以皇考身份进入太庙，引起朝廷持久争论。孝宗朝所集之《大明会典》于此时数有增益，更加完备。

祭祀由太常寺负责，从属于礼部。明初以圜丘、方泽、宗庙、社稷、朝日、夕月、先农为大祀，太岁、星辰、风云雷雨、岳镇、海渎、山川、历代帝王、先师、司中、司命、司民、司禄、寿星为中祀，诸神为小祀，后改先农、朝日、夕月为中祀。天子宗祀者有天地，宗庙社稷、山川、国有大师、命官祭告、中祀小祀皆遣官致祭，帝王陵庙和孔子庙特别派员致祭，各卫亦祭先师。

每年由国家举行的祀礼，大祀有 13 种：正月上辛祈谷、孟夏大雩、季秋大享、冬至圜丘皆祭昊大上帝，夏至方丘祭地祇，春分朝日于东郊，秋分夕月于西郊，四孟季冬享太庙，仲春仲秋上戊祭太社太稷。中祀有 25 种：仲春仲秋上伐之明日祭帝社帝稷，仲秋祭太岁、风云雷雨、四季月将及岳镇、海渎、山川、城隍，霜降日祭旗纛于教场，仲秋祭城南旗纛庙、仲春祭先农，仲秋祭天神地祇于山川坛，仲春仲秋祭历代帝王庙，春秋仲月上丁祭先师孔子。小祀共8种：孟春祭司户，孟夏祭司灶，季夏祭中霤，孟秋祭司门，孟冬祭司井，仲春祭司马之神，清明、十月朔祭泰厉，每月朔望祭火雷之神。封王之国所祀，有：太庙、社稷、风云雷雨、封内山川、城隍、五祀、厉坛。府州县所祀，有社稷、风云雷雨、山川厉坛、先师庙及所在帝王陵庙。各卫亦祭先师，可见祭天只在中央，祭太庙可降至王国，社稷山川风雨之祭则遍及府州县。普通庶人，可以祭里社、谷神及祖父母、父母与灶神。

郑和下西洋使用牵星术

明永乐至宣德年间（1403 ~ 1435）郑和所率船队成功地使用牵星术这一天文导航技术，完成了七下西洋的航海壮举。

牵星术是通过观测北极星的高度，确定船舶所在地理纬度的方法。牵星板为一套12块正方形乌木板组成。最小的边长2厘米，以上每块边长递增2厘米。另有1块四角缺刻的象牙方块。每边长度分别为0.25、0.5、1和1.5厘米。左手执木板一端的中心，上边缘是北极星，下边缘为水平线，据此可测出北极星距水平的高度。不同的高度用相应的木板，和象牙块的缺刻调整使用。

郑和7次率领船队下西洋，促进了我国航海天文学的发展。跟随船队出航过的巩珍在他所著的《西洋番图志》中记录了这一航海活动的宏大声势和借助星象导航的情况。《自宝船厂开船从龙门关出水直

郑和下西洋所用的航海牵星图

抵外国诸番国》，即后人简
称的《郑和航海图》（载
明末茅元仪编《武备志》第
240卷）和《顺风相送》（见
《两种海道针经》）载有
关航海天文知识资料。据此
可以知道，明代成功使用牵
星术这一先进的天文导航技

1957年在南京龙江船厂出土的宝船用的长11米的大
舵杆

术航海的详细情形。在观测中，他们使用了规范的测角
仪器。所留的4幅《过洋牵星图》显示了其在两条航线
上使用这一导航技术的事实，其一是在苏门答腊和锡兰
（斯里兰卡）之间横渡孟加拉湾，另一条是在锡兰和伊
朗阿巴斯港附近横渡阿拉伯海，具有珍贵的史料价值。

　　明代航海活动中，用北极高度变化掌握南北位置，
也据北极高度保持东西方向沿纬线航行，用四方星参照
定位，在近陆地与有岛屿的地
方用罗经、航速并参照天体定
位与航行，从而保证每次航行
的成功。

　　明代航海使用牵星术，标
志着航海水平和技术的提高。

郑和下西洋的宝船模型

北京建成观象台

现存于北京东城建国门西南角的古观象台建于明代正统年间（1436~1449），但其台址和仪器与金、元两代司天机构的兴废有关。

正大四年（1127），金兵攻陷汴京（开封），将北宋天文仪器运到金国都城——中都，在那里建立观察天象的机构。元灭金，中都受到战火破坏，便在中都的东北郊新建大都。

至元十六年（1279）春，元世祖下令在大都城内东南角，即现存的北京古观象台附近，建造太史院和司天台，由元代天文学家郭守敬等设计，尼泊尔著名匠师阿尔哥参与铸造仪器。元朝灭亡后，天文仪器都被运往新都南京，金台和元台荒废。

建于明正统年间的北京古观象台

紫微殿

明永乐四年（1406），明成祖朱棣决定迁都北京，天文仪器则仍留在南京，故钦天监人员只能在北京城东南城墙上仅凭肉眼观测天象。正统二年（1437），钦天监派人去南京，用木料仿制宋代浑仪和元代简

明清观象台

仪等天文仪器，运回北京校验后浇铸成铜仪。正统七年（1443），修建钦天监、观星台，并安装仪器。台址就在今北京的古观象台。后来正统十一年（1447），又建造晷影堂。从此，北京古观象台和台下西侧有了以紫微殿为主的建筑群，基本上具备今天所看到的规模和布局。

明代在观象台上陈设有天文仪器浑仪、浑象和简仪，在台下陈设有天文仪器圭表和漏壶。

喀什艾提卡尔礼拜寺，在新疆维吾尔自治区喀什，系阿拉伯式建筑。初建于明景泰年间（1450～1456），该寺一直是喀什地区宗教礼拜中心，也是新疆伊斯兰教最高学府所在地。

明天文学退步

　　从明代建国开始，到万历初年（1584）近200年中，由于各种原因，天文学发展出现了停滞和退步。

　　明朝初年，太史院史刘基等向朱元璋呈献大统历并颁行天下，成为明王朝的官方历法。洪武十七年（1384）刻漏博士元统上书说大统历并不是新制的历法，而只是改换了名称的元代授时历，由于其推算的起算点在至元十八年（1281），已积累了100多年的误差，与天象不完全符合，建议编制颁行新历法。有人曾为此大胆尝试，但明太祖仍下了中国历史上从未有过的禁学天文的厉令。这严重摧残了天文学的发展，并直接导致了明初天文学的停滞和倒退。

　　洪武十八年（1385），明朝廷在南京鸡鸣山上建造

浑仪，明正统四年（1439）造，装置有六合仪、三辰仪、四游仪，用以观测全天恒星的入宿和日、月、五星的运行。

了司天台，而安置于此的前一年从元大都运来的郭守敬制造的天文仪器，由于位置不同而无法使用，只得仿造一台适用于南京的浑仪。而这个天文台没有进行多少有效的天文测量，形同虚设，只是留下一些天象观测资料。正统二年（1437）明英宗朱祁镇决定修建北京观象台，应钦天监皇甫仲和奏请，派人去南京仿照郭守敬遗制制成仪器木样，回到北京后再按北京地理纬度校验北极出地高度，然后用铜铸造天文仪器，整个工程到正统十一年（1446）才基本就绪。明代宗景泰六年（1455）在皇城内又造了内观象台，台上置有简仪和铜壶，很可能是为皇帝增添的摆设。这些仪器的铸造工艺非常精美。浑仪玲珑剔透，四龙托起，雄浑凝重；简仪沉稳精细，极轴指天，莫测高深，工艺水平很高。

　　然而，这些精致的仪器并不是为了严密地观测天象以编造新的历法，因而其安装和调整都比较粗糙。明孝宗弘治二年（1489），钦天监监正吴昊发现了许多问题，二分二至时的观测发现仪器黄赤道交于奎轸两宿，而实际天象应交在壁轸两宿；浑仪极轴与实际不符合，所以二分时观测太阳出没，窥管却不能指向东西方向，太阳常离开窥管；简仪北端的方柱不够高，以致简仪的极轴也与实际极高不合，用来测恒星的去报度误差较大。明武宗正德十六年（1521），漏刻博士朱裕又发现高表的尺寸不一，用南京日出的时刻来推算北京的实测数据，实是矛盾。但他的发现无人上报，问题依然如故，直到嘉靖二年（1523），才下旨修理相风杆和简、浑二仪，到嘉靖七年（1528）又树立了一个4丈高的木表，以便测日影定气朔。从制造天文仪器到能正常使用，前后共花费了90年，而他们并未研制任何新的仪器，所做的事不过是仿郭守敬的遗制。这些都足以说明这一时期天文学的停滞和倒退的现状。

以西欧历法修订历法

自利玛窦进京后，传教士庞迪峨、熊三拔、邓玉函、汤若望等亦先后至京，他们都精研历法，因而也把西洋历法带到了中国。

万历三十八年（1610）十一月一日，京师发生日食，礼部钦天监所推算的日食起止分秒以及方圆俱不准确，礼部官因此博求知历学者与监官考证历法，便有人推荐庞迪峨等人。于是礼部上奏：陕西按察史邢云路，著有《古今律历考》，为时所称。翰林院检讨徐光启、南京工部员外郎李之藻，亦皆精于历法，可与庞迪峨、熊三拔等人同译西洋历法，以修正中国历法。又说，历法疏密，莫过交食，欲议修历，必先正仪器，请命所司修治仪器，以便从事。

向来懒于视事的神宗，先将此奏留中不发，后来才召邢云路、李之藻至北京，与庞迪峨、熊三拔、邓玉函等共修历法。邢云路据其所学，李之藻则大胆引入西历，西洋历法因此始传入中国。

汤若望进呈《新法历书》

顺治元年 (1644) 十一月明朝徐光启历局编纂但不能颁用的《崇祯历书》，经传教士汤若望删改压缩，由137卷变为103卷，更名为《西洋新法历书》并进呈给清政府，得以接纳颁行，并成了计算历法的依据。

曾在徐光启历局共事并参与《崇祯历书》编纂的耶稣会士汤若望对明政府未能颁用《崇祯历书》感到不满。他寄希望于清新政权，并为此迅速推算出当年8月日食的情况，希望通过日食预报的应验，推荐新历法借以提高自己的地位，同时得到更大的传教自由。顺治元年 (1644) 六月他给清帝上书说："臣于明崇祯二年来京，曾依西洋新法厘订旧历，今将新法所推本年八月一日日食，京师及各省所见食限分秒并起复方位图像进呈，乞届期遣官测验。"及期，清政府派大学士冯铨和汤若望一同赴灵台测验，后冯铨回奏说用大统历和回回历推算的日食时刻都有差，唯有按西洋新法所推算"一一吻合"。这一招使清政府决定接受《新法历书》，新法得以认可。同年十一月，汤若望受命掌管天监事。但是在进呈的奏文中，汤若望抹杀了徐光启历局中众人的工作，说"臣创立新法……著为新历百余卷"，把一切成绩都记到他个人的名下。

《新法历书》不同于中国过去历法，它以1/3以上的篇幅介绍天文学基本理论，全部是欧洲古典天文学的内容。它采用第谷为维持地球在中心不动而创立的宇宙模式，彻底抛弃了浑天说、盖天说等中国传统的宇宙模式。

《新法历书》还以大量的篇幅介绍了相当于中国东汉时期人物的托勒玫及其名著《天文学大成》。托勒玫的著作是西方古典天文学总结性的巨著，有许多中国古代天文学所完全没有的内容和方法，如大地是有海洋和陆地的大圆球的地球思想，地理纬度对昼夜长短影响的计算，日、月、地的相对距离等等，丰富了中国天文学界的知识，拓宽了中国天文学家的眼界和思路。该书有关西方天文学知识不仅包括古典天文文学，而且有不少当时欧洲天文学的最新成就，如哥白尼、伽俐略和开普勒的一些论点。

《新法历书》的颁行，虽未真正转变中国天文学的体系，但从客观上促进了中国天文学的发展，使欧洲天文学体系的理论成为编算历法的理论，计算方法也大量取自欧洲，多少促进了中国天文学体系的转变。

《时宪历》颁行

顺治元年 (1644) 七月，经礼部左侍郎李明睿建议，摄政王多尔衮批示，废弃明代的《大统历》，改用新法，取名《时宪历》，于十月福临 (即顺治帝) 登位时颁用，作为隆重庆典的一项活动。

《时宪历》与历代民用历不同，它是中国历史上第一次抛弃传统法数而是采用西洋天文学体系并按照中国民用历法体例编成的历法，作为官方历法首次发生体系变化；也是中国历史上第一次在民用历中采用定气注历，以太阳在黄道上的实际运行位置决定节气时刻。《时宪历》认为日月五星距地高卑相距甚远，说"太阳本圈与地不同心，二心相距，古今不筹"，因此旧历以同心计算有误，提出诸曜有高卑行度。这是《时宪历》计算中与传统历法计算最大的区别，也是颠倒了开普勒定律中心天体位置闹出的别扭。《时宪历》除了定气注历以外，其格式仍是旧制，一般一开始都是年神方位之图，然后刊登"本朝忌辰"，指出哪些日子是某某的忌日，在日历中同样有宜作何事、不宜作何事等种种宜忌，迷信色彩颇为浓厚。

所以《时宪历》的法数改变虽是一个进步，但颁行的时宪书上却看不出太大的变化。

从 1759 年开始，清政府取消回回科，否决了在伊斯兰地区重新使用《回回历》的提议，要求全国统一使用《时宪历》。

南怀仁修正历法

康熙七年 (1668) 十二月，南怀仁劾奏钦天监监副吴明烜所修历书有差错，指出原历所定康熙八年内闰十二月，应是次年 (康熙八年) 正月，且有一年两次春分、两次秋分种种误差。十五岁的康熙皇帝不持偏见，命二十名朝廷大臣将南怀仁、吴明烜两派人物一齐召集到东华门观象台进行实测。验证推算历法的结果，立春、雨水、太阴、火星、木星与南怀仁所指诸款均相符合，而与吴明烜所修者不合。后经再次评议，证明杨光先身为监正，解决不了历日的差错，袒护吴明烜，攻击西洋历法。康熙传旨，将杨光先革职，任南怀仁为钦天监监副，并更正以前历书中的错误；以后节气占候，均从南怀仁之言。南怀仁任职后，改造了观象台仪器，制成黄道经纬仪、赤道经纬仪、地平经仪、

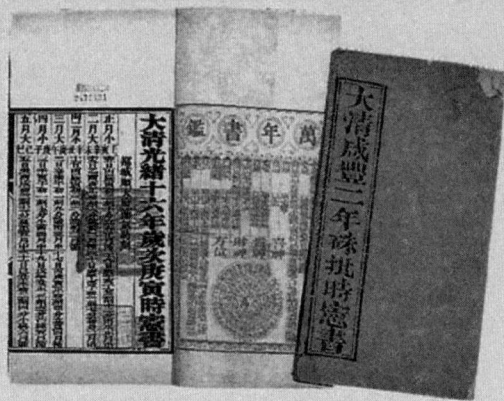

清代历书书影

藏历的封面画页，其年代，据考证应在明清之际（约17世纪中叶）。布质，彩色写绘而成。内容有十二生肖、五行、八卦、九宫（即三三幻方）、飞九宫和卜算用的其他图表等。

纪限仪、天体仪，并绘图立说，编成《灵台仪象志》一书，为此，清廷特擢升南怀仁为监正。康熙十三年(1674)，加太常侍聊。十七年(1678)，著成《康熙永年历法》32卷，加通政史。二十七年(1688)南怀仁死，清廷赐谥"勤敏"。

梅文鼎融汇中西天文学

　　清康熙十四年（1675），天文学家和数学家梅文鼎从《崇祯历书》入手，研究西洋历算。从此，他结合中国古代已有的天文知识，引进、学习西洋的天文理论，

清末制造的小天体仪

融汇贯通，创获颇多。

梅文鼎（1633～1721）字定九，号勿庵，安徽宣城人。早年跟从罗文宾学天文，后拜倪观湖为师，学习明代《大统历》。1705年受康熙皇帝召见，讨论历算。一生四处游学，手不释卷。著书80多种，主要是关于天文学和数学方面著作，传世的有《勿庵历算全书》29种76卷和《梅氏丛书辑要》23种60卷，包括《历学骈枝》5卷、《历学疑问》3卷、《疑问补》2卷、《交食》4卷、《七政》、《五星管见》2卷、《揆日纪要》1卷、《恒星》纪要1卷、《历学问答》1卷、《杂著》1卷共10种20卷天文学方面专门著作，其成就被誉为"国朝算学第一"。

在传统天文学方面，梅文鼎对中国已有的《授时历》、《大统历》、《崇祯历书》等进行了系统的解释和研究。在元郭守敬《授时历》的研究中，他最早提出用几何方法解释求日食三限（初亏、食甚、复圆）时刻和月食五限（初亏、食既、食甚、生兴、复圆）时刻的道理。他利用西方天文学中的球面三角学理论考校《授时历》等，改正了《大统历》中有关交食问题上几个数据错误。在引进西方天文学方面，他重点做了五个方面的工作。（1）系统整理和介绍了散见于《崇祯历书》、《历学会通》以及托勒密《天文学大成》中的西方星辰，并用中国星名全部考出《西国三十杂星考》中的星辰。（2）对《崇祯历书》中关于求太阳、月亮及五星的位置和计算方法

也进行了系统整理分析。（3）引进黄道坐标系，用以确定天体位置。（4）介绍与讨论如何用小轮方法来解释某些天体运动的规律，用偏心圆方法来说明太阳的视运动，并对小轮的实在性提出质疑。（5）他还介绍、研究了伊斯兰历法，对回回历中行星的运行与中国旧有历法中五星运行各段互相配合的问题进行了深入的研究。

梅文鼎毕生致力于阐发西学要旨，表彰中学精萃，为融汇中西天文学作出贡献。

王锡阐研算天文

　　清初，清政府开始重视培养中国的天文历算家。康熙即位后更是大力提倡钻研天文历法，且身体力行，因此官方和民间在这方面的学习研究都空前活跃，取得不少成就。王锡阐便是民间天文学家中一个出类拔萃的人物。

　　王锡阐(1628~1682)，字寅旭，号晓庵，江苏吴江人。他在西学传入中国后，结合中国情况努力学习并加以消化吸收。他靠自学刻苦钻研天文历法而使自己在不少方面超过钦天监官员水平。他的著述极丰，其中《晓庵新法》被收入《四库全书》中，另有收入《木犀轩丛书》、《晓庵先生文集》的天文学著作《历法表》、《六统历法启蒙》、《历策》、《历说》、《日月左右旋问答》、《五星行度解》、《推步交朔序》、《步交会》及《测日小记序》等等。在代表作《晓庵新法》中，王锡阐叙述了他首创的日月食初亏、复圆方位角的计算方法，这种计算方法在当时欧洲天文学史还未涉及到。王锡阐还将日食原理应用到水星、金星凌日问题上，创造了独特的水星、金星凌日计算法。在该书中，他也提出关于视差、时差、昼夜长短、晨昏蒙影、月及内行星的相位现象、朔、望、节气发生的时刻等一系列问题的计算方法。

王锡阐认为，中历、西历各有短长，汉代历法虽疏而"创始之功不可泯"，旧法有缺陷应加以改进而"不可遽废"，并真知灼见地指出《西洋新法历书》中的许多错误。王锡阐被誉为能"考正古法之误而存其是；择取西说之长而去其短"的异士。

《历象考成》完成

康熙六十一年（1722），《历象考成》编成。

《西洋新法历书》颁行后，中国学者们不断进行学习研究，以著名数学家梅文鼎成就最大。康熙四十一年（1702）十月，他写的一部学习西法的入门著作《历学疑问》3卷被进呈给康熙。康熙皇帝本人也很重视实测并亲自测量日影，他发现新法历书中一些数据已不够准确，于是接受了梅文鼎的观点，决定重新编修《西洋新法历书》，改正该书缺乏中国学者的理解且叙述不够清晰系统的缺点，订正其中错讹和图表不合之处的缺陷，编修一部经中国学者再解释后容易明白且已修订错讹的新书。

康熙五十年（1711）康熙帝下诏，要求礼部考取效力算法人员，加

保存完好的古代地方行政机构理事场所，在河南内乡县清代县衙博物馆。

强实测，康熙五十三年（1714）又下令测定了新的黄测大距为 23°29′。他还派人奔赴福建、广东、云南、四川、陕西、河南、江南、浙江 8 省进行实测，得出大量第一手测量数据。经过不断努力，在康熙六十一年（1722），历时 9 年的《历象考成》的编纂工作终于完成。

《历象考成》修订后分为上、下编，在总体上仍沿用《新法历书》的第谷体系，并继续采用了第谷定的大部分天文数据。因此虽然在条理上、逻辑上有了一定的进步，纠正了一些差错，但从天文学意义上看，并没有取得多大的进步。

雍正八年（1730）六月，监正明安图奉诏重修了日躔、月离两表，附于《历象考成》后面。乾隆二年（1737），清政府组织戴进贤、徐懋德、明安图、梅毂成、何国宗等数十人进行增修《历象考成》的工作，将开普勒第一、第二定律运用进来，用椭圆运动定律和面积定律替代过时的小轮体系，增补了有关视差、蒙气差的理论的采用值及计算月食时考虑地球大气对地球半径的影响等新内容，共增修成书 10 卷，题名为《历象考成后编》，于乾隆七年（1742）全部完成。

《历象考成》及其《后编》的完成，使中国天文学家对欧洲天文学有了更深的了解，促进了中国天文学的发展。

天算学家明安图去世

乾隆三十年（1765），天算学家明安图去世，终年73岁。

明安图，字静阉，蒙古正白旗人。幼年即选为官学生，入钦天监学习，为康熙亲自培养的天文数学方面的人才，曾参与《历象考成》、《数理精蕴》等书的编纂。康熙年间来中国的法国传教士杜德美，曾向中国介绍过西方新的数学成就割圆三法，包括圆径求周，弧背求正弦，弧背求正矢，但对于"立法之源"却秘而不宣。明安图遂发奋钻研割圆术和求圆周率的新方法，积累三十余年，写出《割圆密率捷法》初稿。该书不仅独立地论证了杜德美不肯说出的三种方法的"立法之源"，而且创造了十个新公式，合前总称为割圆十三术，即圆径求周，弧背求正弦，弧背求正矢，弧背求通弦，弧背求矢，通弦求弧背，正矢求弧背，矢求弧背，正弦求弧背，余弦求正弦正矢，余矢余弦求本弧，借弧背求正弦余弦，借正弦余弦求弧背。明安图的这些论证，第一次突破了用几何方法求圆周率近似值，采用解析方法计算圆周率，用连比例归纳法证明割圆术。因而他的《割圆密率捷法》，被清代学者称为"明氏新法"，明安图被誉为"弧矢不挑之宗"。

王贞仪著天文学著作

清嘉庆二年（1797），女科学家王贞仪逝世，年仅29岁。

王贞仪（1768～1797），字德卿，自号江宁女史，江苏江宁（今南京）人。王贞仪出身于书香门第，家中藏书很多，加上她又游历过北京、陕西、湖北、广东等地，见多识广。她不仅具备了经史诗文的修养，而且还在天算、医药等方面有较高的科学水平，成为乾嘉时期一位卓越的女科学家。她广泛涉猎了古代著名天算家张衡、祖冲之等人的著作，研究了勾股、测量、方程等方面的学术，写下了许多天算方面的著作，阐发自己对天文历法的观测和思考，对岁差等问题提出了个人见解。在医学方面，王贞仪不仅从医书中学习了医理，而且还能切脉治方，并提出了察脉、视人、因时、论方、相地的医道五诀。

王贞仪撰写了许多科学专著和诗文集。主要的有《星象图释》2卷，《书算简存》5卷，《筹算易知》、《重订筹算正讹》、《西洋筹算增删》、《女蒙拾诵》、《沈疴呓语》各1卷，《象教窥余》4卷，《文选（诗赋）参评》10卷，《德风亭初集》13卷，《德风亭二集》6卷，《绣缕余笺》10卷。

《仪象考成》及续编编成

道光二十五年（1845），《仪象考成》编成。

乾隆九年（1744）适逢甲子，经检验发现黄赤交角已由康熙十三年（1674）的23°32′减至23°29′，恒星位置也与当时的测值不相同，有必要重新测算。于是在乾隆帝准奏决定制造可以直接测量恒星赤经、比赤道经纬仪优越的玑衡抚辰仪的时候，主持该仪器制造的德国传教士戴进贤会同钦天监其他官员奏请重修《灵台仪象志》，得到应允。乾隆十九年（1752），新测算的星表完成，被钦定为《仪象考成》。乾隆帝亲自为该书作序，说明《仪象考成》的编成是为了让"天官家诸星纪数之阙者，补之序之，紊者正之"。该书于乾隆二十一年

我国现存唯一的蒙文石刻天文图。该星图用大块石料刻成，图下侧有图例，并以蒙文注明为"钦天监制天文图"，刻图时间大约在清雍正五年至十年间（1727~1732年）。

（1756）印刷发行。

《仪象考成》以乾隆九年甲子年为历元，载有传统星官 277 个共 1319 颗星，比《仪象志》增加了 16 个星官 109 颗星，另外还增添了传统所没有的星 1614 颗，增添了南天极附近"依西测之旧"的 23 个星官 150 颗星，共计 3083 颗星。根据戴进贤手中的一些欧洲星表，特别是以弗拉姆斯蒂德星表作为测量对比的依据，所列出的 3083 颗星位置精度为秒。

乾隆十一年（1746）戴进贤死后，恒星位置的测算由钦天监监正刘松林、监副德国传教士鲍友管以及明安图、何国卿等 10 几个人负责。由于玑衡抚辰仪尚未造成，而灵台上南怀仁的仪器只能测到分，精密程度远远不够，因此，他们只好参照分别于 1725 年和 1729 年发表的弗拉姆斯蒂德星表、星图换算编出。且"累加测验"，用许多星的实测结果加以验证，并"依西测之旧"，标出北京看不见的 150 颗南天星的数据，因此，"仪象考成"星表是具有科学价值的星表。

道光二十二年（1842），清政府决定重测星表，命令钦天监官员周余庆、陈启盛、祥泰、杜熙龄等人续编《仪象考成》，并于道光二十五年（1845）完成，增加了《考成》中未载的 163 颗星而去掉了《考成》中原载有而重测未见者 6 颗星，共有星 3240 颗。这时钦天监中已无外国传教士，所有测算工作都是中国天文学家独立完成的，

他们对传教士们介绍的西方天文学也不再盲目照搬，而有自己独立的思考；而且不再囿于仅满足实用的陈见之中，受欧洲天文学的影响开始探讨天象变化的原因。

《仪象考成》及续编引进了西方天文学不少新东西，反映了中国天文学的进步。

华蘅芳制成中国第一个氢气球

　　光绪十三年（1887），中国第一个氢气球由华蘅芳制作成功。

　　1885年，天津武备学堂购买了一个中法战争时法军在越南前线使用过的旧气球，并请了德国教习修复，以供学生实习参考。无奈德国教习无法修复，遂请科学家华蘅芳制造。1887年，华蘅芳经多次试验，终于制成一个直径5尺(约1.7米)的气球，并以自行制备的氢气充气，成功地升空。这就是第一个由中国人自行研制成功并在中国升空的氢气球。

古观象台遭浩劫

　　1900 年，随着八国联军发动对中国的侵略战争，北京再一次被列强军队攻占、洗劫，德、法侵略军焚毁钦天监观象台，抢走仪器，古观象台遭受严重浩劫。

　　八国联军在北京大肆抢掠金银珠宝的同时，也对他们认为价值连城的古董——观象台上的天文仪器进行抢劫。德国的统帅瓦德西认为这些天文仪器有极高的艺术价值，它们的造型和各台仪器上的龙形装饰极为完美，首先下令德军抢劫这些天文仪器，把天体仪、纪限仪、玑衡抚辰仪、地平经仪和浑仪抢运回德国。而善于从世界各地掠取艺术品的法国人更不甘落后，在德军抢

造于乾隆九年（1744）的玑衡抚辰仪，在1900年被德国人抢运回国。

劫 5 件贵重仪器后，抢走了地平经纬仪、象限仪、黄道经纬仪、赤道经纬仪和简仪。这些仪器都是可用的，但经过这次拆卸搬运遭到很大破坏。直到 1902 年和 1921 年，这些仪器才由法国、德国被迫归还中国。

冯如制成飞机

宣统二年（1910），冯如所制双翼飞机试飞成功。

冯如，广东恩平人，生于光绪九年（1883），因家境贫寒，自幼即随亲眷赴美国，在旧金山和纽约等地做工谋生。在纽约工厂里，他刻苦钻研，掌握了不少机械技术、机械学知识及电学理论。光绪二十九年（1903），莱特兄弟发明的飞机试飞成功，冯如深受影响，遂立志从事飞机制造。光绪三十二年，冯如回到旧金山，开始钻研飞机的设计和制造。在旅美华侨的热心资助下，冯如于次年在旧金山以东的奥克兰制造飞机，并于宣统元年（1909）建立了广东飞行器公司，同年制成一架飞机。八月八日，冯如驾机在奥克兰试飞成功，美国新闻界报道了这次试飞的消息。宣统二年，冯如又制成一架当时世界上性能较先进的双翼飞机，从八月末开始试飞和表演，飞行高度310米，时速105公里，大获成功，受到孙中山的赞许，成为我国第一个航空设计师和飞行员。

宣统三年（1911）正月，冯如拒绝了英美各国的重金聘请，与助手携带两架飞机回国，并准备将设在美国的广东飞行器公司迁回广州，企图发展祖国的航空事业。但由于当时的清廷对航空事业毫无兴趣，使冯如的一腔爱国热情化为泡影。辛亥革命时，宣布独立的广东军政府曾组织飞行队，冯如被委任为队长，准备率机北上参战。但因南北议和、清廷逊位而作罢。1912年8月25日，冯如在广州的一次飞行表演中因飞机失事，不幸牺牲。遗体安葬在广州先烈路黄花岗烈士陵园。为了表彰冯如的功绩，国民政府追授其为陆军少将军衔，并立碑纪念，尊名"中国创始飞行大家"。

竺可桢开创中国近代地理学·奠定中国气象事业

竺可桢（1890～1974），字藕舫，浙江上虞县东关镇人（旧属绍兴县），中国著名地理学家、气象学家、教育家，是中国近代地理学的开创者和现代气象事业的主要奠基人。哈佛大学博士，学成归国后历任南开大学教授，东南大学、浙江大学校长，中央研究院评议员、院士，解放后任中国科学院副院长，兼中科院自然资源综合考察委员会主任、生物学地学部主任、中国自然科学史研究委员会主任等，为中国科学院学部委员，还长期担任中国地理学会理事长、中国气象学会理事长、中国科学技术协会副主席等职，为中国近代地理学和气象事业做出了卓越贡献。

1921 年竺可桢在东南大学筹建并主持了中国第一个地理系，编著中国

竺可桢（1890～1970），气象学家、地理学家。浙江上虞人。1910年赴美留学，先学农，后入哈佛大学学习气象并获博士学位。曾任浙江大学校长。中华人民共和国成立后，任中国科学院副院长等职。是中国近代气象学和地理学的奠基人。

高等教育第一部地理学教材——《地理学通论》。并开创了中国季风、中国气候区划和自然区划、中国历史气候和中国物候等研究，有创造性成就。领导组建了中国科学院地理研究所及其10多个大型自然资源考察队，筹划中国多个地区性和专业性地理研究所。领导或指导了历次地理学发展规划的制订和中国自然区划工作的开展，以及《中华人民共和国自然地图集》和《中国自然地理》的编纂工作，指出中国地理学为生产建设特别是为农业服务的方向，以及地理学在发挥综合性研究特点的同时，要注意部门地理学研究的对象。另外，竺可桢在筹划组建早期的中国气象观测网，开展中国高空探测和天气预报业务方面，也做出了卓越贡献。

竺可桢共发表论著270余篇，较著名的有《中国气候区域论》、《中国气流之运行》、《东南季风与中国之雨量》、《中国气候概论》、《历史时代世界气候的变动》、《中国近五千年来气候变迁的初步研究》、《论我国气候的几个特点及其与粮食作物生产的关系》等。

紫金山天文台建成

民国二十三年（1934），中华民国中央研究院天文研究所第一个天文台—紫金山天文台建成。

紫金山位于南京城外东北面，东经 118° 49′，北纬 32° 04′，海拔 267 米。建台初主要的观测仪器有口径 20 厘米的折射望远镜（附有口径 15 厘米的天体照相仪）、口径 60 厘米的反射望远镜以及太阳分光镜等。抗日战争时除部分仪器迁往昆明外，其余全遭破坏。

中华人民共和国建立后，对口径 60 厘米的反射望远镜进行了修复，用以进行恒星光谱、光电测光和小行星观测工作，添置了口径 14 厘米的色球望远镜和定天镜为 40 厘米的太阳光谱仪。1964 年又装设了口径 40 厘米双筒折射望远镜，用以观测、研究小行星和慧星等。1965 年安装口径 43 厘米的施密特望远镜，专门用来对人造卫星观测和研究。在时间工作方面，添置口径 100 毫米中星仪。自 1958 年以来，建立观测太阳的射电望远镜，现设波长 3 厘米和 10 厘米的两台仪器进行常规观测，研究太阳的活动规律并作出太阳活动预报。此外，还编纂和

南京天文台。南京天文台是我国一座现代化的天文台，同时又是我国古代天文仪器陈列馆。中外驰名的浑仪和简仪等大型古代天文仪器大都陈列于此。

出版《中国天文年历》、《中国天文年历测绘专用》和《航海天文历》等历书。现为中国科学院下属的天文观测和研究机构。

紫金山天文台是综合性天文台，除对恒星、行星、太阳、人造卫星进行观测研究外，还进行空间天文学、射电天文学、实用天文学和天文仪器的研究工作。

紫金山天文台是中国权威的天文研究机构，它的建成，在中国天文学史上具有重要意义。